복잡한 세계를 읽는 지리 사고력 수업

복잡한 세계를 읽는 지리 사고력 수업

국제적 안목을
길러 주는
열두 공간 이야기

최재희 지음

곰곰

우랄산맥
유럽
아시아
알프스산맥
캅카스산맥
티베트고원
DMZ
지브롤터해협
수에즈운하
아프리카
히말라야 산맥
사하라사막
아라비아해
믈라카해협
사헬지대
대서양
오세아니아
인도양
나미브사막
그레이트디바이딩산맥

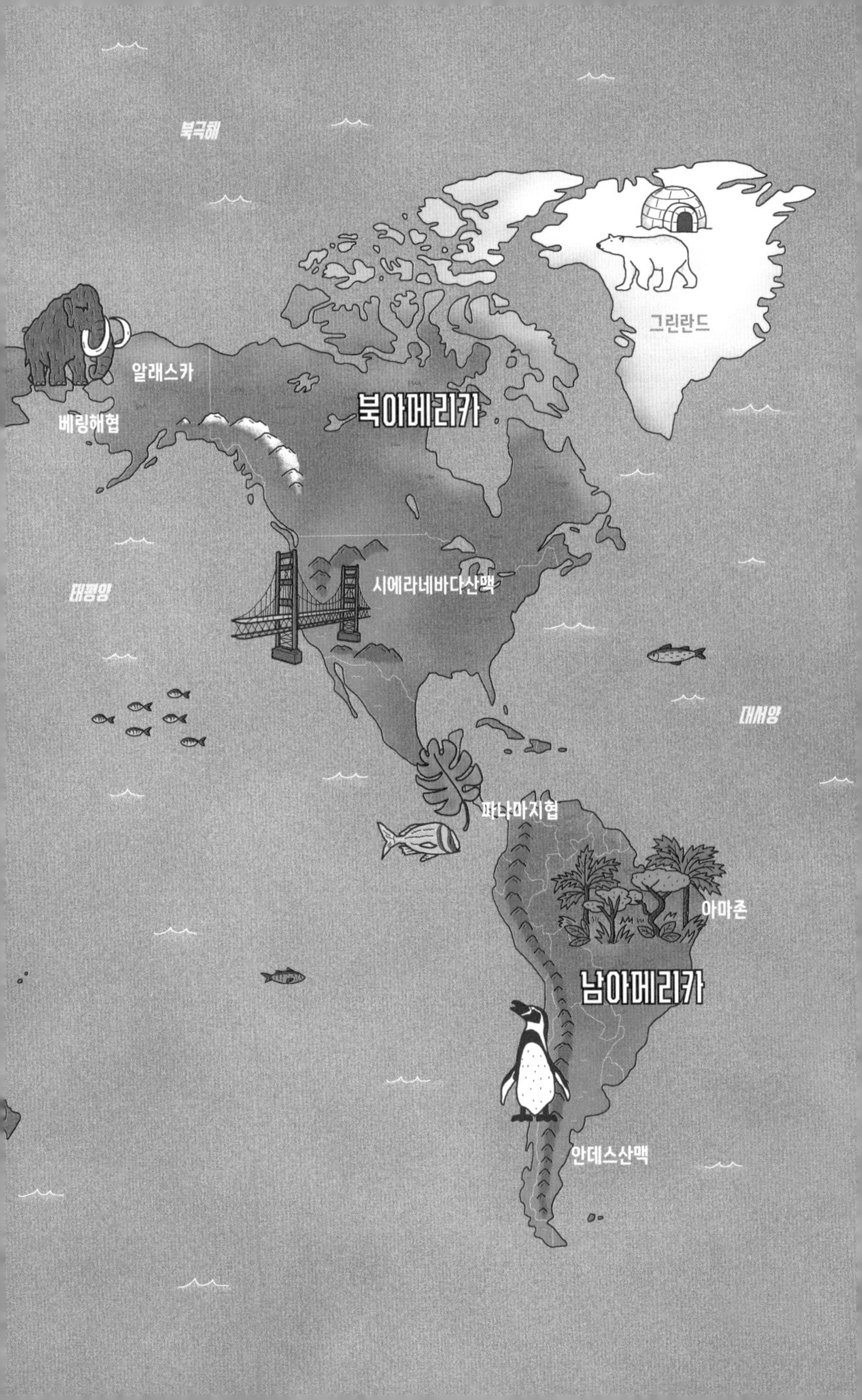

북극해

그린란드

알래스카

북아메리카

베링해협

시에라네바다산맥

태평양

대서양

파나마지협

아마존

남아메리카

안데스산맥

0°
5°
10°
15°
20°
25°

세계 시민을 위한
지리 사고력 수업에 초대합니다

저의 둘째 아들은 다큐멘터리 마니아입니다. 국내는 물론 해외 소식에 호기심이 큰데요, 한번은 제게 이렇게 물었습니다. "아빠, 비무장지대는 어떤 곳이에요?" 당시는 북한 관련 이슈가 뜨거울 때였지요. 초등학교 5학년인 둘째 아들에게 비무장지대의 뜻을 간략히 설명하면서 문득 부끄러운 마음이 들었습니다. 제 설명은 '아닐 비(非)', '무기 무(武)', '꾸밀 장(裝)' 등 한자어 풀이에 그치고 말았거든요. 명색이 지리 선생인데 비무장지대의 표면적 의미만 알고 있어서는 곤란하겠다 싶었습니다.

짧은 대화를 마치고 황급히 책상에 앉아 지도를 꺼냈습니다. 이참에 비무장지대의 공간적 의미를 제대로 알자는 생각에서였지요. 비무장지대는 아무도 들어갈 수 없는 가깝고도 먼 한반도의 허리라는 생각을 줄기 삼아, 지도를 보면서 여러 갈래의 지리적 상상력을 펼쳤습니다. 땅의 밑그림에 해당하는 지형 조건에 기후를 얹고, 그곳에 켜켜이 쌓인 인간의 이야기를 얹었습니다. 이러는 와중에 비무장지대를 훌륭하게 설명할 수 있는 키워드가 뇌리를 스쳤습니다. 바로 '경계'입니다.

경계의 사전적 의미는 지역을 구분하는 한계입니다. 경계는 머릿속에 선을 먼저 떠올리게 합니다. 경기도와 충청남도의 행정 경계선, 미국과 캐나다의 국경선처럼 경계를 선으로 받아들이면 어떤 일이 벌어질까요? 신기하게도 해당 공간이 사라지는 느낌을 받습니다.

하지만 경계를 선이 아닌 면으로 바라보면 '점이지대'라는 지리적 개념과 만납니다. 점이지대는 서로 다른 지리적 특성이 교차하는 이색 공간이에요. 두 지역이 만나니 자연스럽게 두 성격이 섞입니다. 바나나와 우유를 섞어 만든 바나나 우유의 색다른 맛처럼, 공간도 뒤섞이면 독특한 모습을 보여 줍니다. 비무장지대도 온대기후와 냉대기후의 부분적 경계이자, 남북으로 분단된 두 국가의 이념적 경계, 동아시아를 둘러싼 지정학적 경계에 이르기까지 다채로운 이야기를 담은 경계이자 점이지대이지요.

요리조리 지리적 경계를 찾는 일은 무척 즐거운 경험이었습니다. 그래서 욕심을 더 내기로 했습니다. 시야를 넓혀 세계의 경계와 점이지대를 살펴보는 쪽으로요!

내친김에 온라인 세계지도를 펼쳤습니다. 자유롭게 확대하고 넓힐 수 있는 온라인 지도의 스케일링 묘미를 즐기면서 풍성한 공간 이야기를 담은 지역을 찾고자 세계지도를 크게 세 덩어리로 나누었습니다. 육지를 아시아-오세아니아, 유럽-아프리카, 아메리카-극지방으로 나눴더니, 세 공간을 연결하는 경계 지역과 서로 분리하는 경계 지역이 자연스럽게 시야에 잡혔습니다.

가장 먼저 믈라카해협이 눈에 띄었습니다. 언뜻 좁은 바다에 불과해 보이는 믈라카해협은, 앞서 크게 세 덩어리로 나눈 공간을 모두 잇는 지역으로 새로이 다가왔습니다. 유럽-아프리카에서 아시아-오세아니아로 가는 길목, 아시아-오세아니아에서 다시 아메리카-극지방으로 나아가는 길목이 바로 믈라카해협이었지요.

남아메리카를 남북으로 종단하는 안데스산맥도 무척 흥미로웠습니다. 열대 지역에서부터 열대 고산 지역, 건조 사막, 온대 기후 지역에 이르기까지 안데스산맥을 따라 다채롭게 펼쳐진 공간은 남아메리카 대륙의 인간사를 풍성하게 이해하는 핵심 도구가 되어 줬습니다.

'사고력(思考力)'은 2022 개정 교육과정의 핵심 중 하나입니다. 산업화 시기에는 개념 중심의 교육이 앞섰고, 21세기를 목전에 두고는 활동을 통해 개념을 이해하는 교육이 주를 이뤘습니다.

오늘날에는 '사고력 교육'이 중요하다고 교육 전문가는 입을 모아 이야기합니다. 능동적으로 다양한 문제에 호기심을 갖고, 그것을 창의적으로 해결하는 힘 말입니다. 교과에서 배운 개념을 실생활과 관련지어 문제점을 발견하고 해결하는 일은 튼튼한 사고력이 뒷받침하지 않으면 요원한 일일 테지요.

사고력이 부족한 사람은 아는 것은 많은데, 정작 자기 생각이 없다고 합니다. 지리적 사고력이 부족한 경우도 그렇습니다. 공간에 관한 정보가 제아무리 많아도 그것을 엮는 힘이 부족하면 말짱 도루묵입니다. 지리적 사고력을 갖춘 사람은 무수히 많은 공간의 정보와 수많은 자연·인문 현상의 핵심을 잘 파악합니다. 아무 의미가 없는 것처럼 보이는 지리적 단위가 한 지역을 넘어 국가, 심지어 대륙과 세계의 문제에 깊숙하게 관여하고 있다는 사실을 발견하면 묘한 희열을 맛보게 됩니다. 그런 면에서 '복잡한 세계를 읽는 지리 사고력 수업'은 매력적인 학습 주제임이 분명하지요.

명의는 환자의 몇 가지 증상만 보고도 병을 정확하게 진단하는 경우가 많습니다. 명의가 되려면 임상 경험이 풍부해야 합니다. 질병의 특징을 이해하고 환자가 겪는 증상의 핵심을 짚어 그것이 관여하는 다양한 몸의 세계를 꾸준히 탐구한 의사가 명의가 될 수 있습니다. 지리 사고력이 높은 공간 전문가가 되는 과

정도 이와 닮았습니다. 경계와 점이지대라는 줄기를 따라 수많은 정보를 파악하고, 그곳에서 파생한 여러 이슈를 엮어서 그 의미를 제대로 들여다보는 일도 마찬가지이지요.

이 책에 추려 담은 열두 공간은 지리적 사고력을 기르기에 맞춤한 사례 지역입니다. 이 책을 읽고 지리학이라는 도구가 어떻게 세계를 다채롭게 볼 수 있도록 돕는지 조금이나마 느낄 수 있기를 희망합니다. 열두 공간의 탄생에서 시작해 뻗어 나가는 다양한 이야기가 여러분의 지리적 사고력 함양에 분명 도움이 되리라 믿습니다.

마지막으로 여러분에게 부탁하고 싶은 게 있습니다. 책을 읽는 동안 지도를 곁에 두라는 겁니다. 책에 등장하는 여러 지명과 그 위치를 확인하는 일은 지리적 사고력을 기르는 데 든든한 조력자가 되어 줄 것입니다. 자, 준비되었나요? 지리 사고력 수업에 오신 여러분을 환영합니다!

차례

2부

다양성이 공존하는
유럽-아프리카

3부

극과 극의 색다름
아메리카

러시아
아시아
티베트고원
중국
DMZ(비무장지대)
대한민국
네팔
방글라데시
인도
태평양
믈라카해협
싱가포르
오세아니아
인도양
오스트레일리아
그레이트디바이딩산맥

1부

갈등을 넘어 평화로

아시아-오세아니아

생명의 공간으로 변신한 전쟁터

비무장지대

비무장지대는 이름 그대로 무장(武裝)이 없는 공간입니다. 무장은 군대를 주둔시키거나 전투기, 미사일 등을 배치해 전투에 대비하는 것을 뜻합니다. 분쟁이나 전쟁 같은 충돌이 발생할 수 있는 지역이라면 비무장지대가 필요해요. 한반도가 그랬지요.

1910년부터 한반도를 식민 지배하던 일본은 미국이 일본 본토에 원자폭탄을 투하하자 1945년 8월 15일 무조건 항복을 선언했습니다. 이 틈을 타 당시 한반도에서 세력을 형성하던 미국과 소련은 분할 통치를 목적으로 보란 듯이 반도의 배를 갈랐습니다. 한반도의 분할은 두부모를 반으로 자르듯 간단했어요. 분할 점령선인 북위 38°선은 한반도의 최남단인 마라도를 지나는 북위 33°와 최북단인 함경북도 유원진을 지나는 북위 43°의 중간값이에요. 삼팔선은 광복 이후 남과 북에 각각 정부가 수립되면서 경계선의 기능을 담당했지만, 1950년 6월 25일 북한이 남침하면서 무의미해졌습니다.

3년여에 걸친 한국전쟁은 1953년 7월 27일 정전협정을 통해 기나긴 대기 상태에 들어갔습니다. 정전협정을 주도한 것 역시 미국과 소련이었어요. 두 강대국은 전쟁이 재발하지 않도록 군사분계선에서 남북으로 각각 폭 2km의 선을 그어 그 사이를 비무장지대로 삼았습니다. 비무장지대의 위치는 옛 분할 점령선인 삼팔선을 아스라이 넘나듭니다. 치열했던 한국전쟁의 양상이 반도의 허리춤인 삼팔선 일대에서 교착되었기 때문이에요. 오늘날 비무장지대는 눈으로 볼 수 있는 물리적 경계이자 눈으로 볼 수 없는 이념의 경계이기도 해요. 인간의 발길이 끊긴 이 공간은 우리에게 어떤 의미일까요?

비무장지대의 공간 그리기

비무장지대(Demilitarized Zone, DMZ)는 생각보다 넓습니다. 한반도 전체 면적의 약 250분의 1에 달하지요. 이는 대한민국의 수도 서울보다 1.5배 넓은 면적이에요. 또한 비무장지대는 길어요. 서해의 임진강 하구에서 동해의 고성군까지 이어지지요. 한반도의 허리를 동서로 가르는 비무장지대의 길이는 약 250km입니다. 이는 서울에서 대구까지의 거리와 엇비슷합니다.

길고 넓은 비무장지대의 중심축은 휴전선으로 불리는 군사분계선입니다. 실질적인 남북 분단선인 군사분계선은 임진강 하구에서 동해안까지 설치된 1,292개의 표지물로 존재를 가늠할 수 있습니다. 군사분계선을 중심으로 남북은 각각 2km 떨어진 거리에 한계선을 긋고 그 사이를 비무장지대로 삼았습니다. 북한과 달리 남한은 남방 한계선을 기준으로 또다시 5~20km 거리에 민간인 통제선을 두었어요. 민간인이 통제선 안으로 들어가려면 사전 허가를 받아야 하지요. 여기까지가 비무장지대의 간단한 이력서입니다.

지금부터는 비무장지대를 입체적으로 바라볼 수 있도록 관점을 살짝 비틀어 봅시다. 비무장지대를 선이 아니라 면으로 바라보는 거예요. 태백산맥을 예로 들어 볼까요? 태백산맥은 이름에

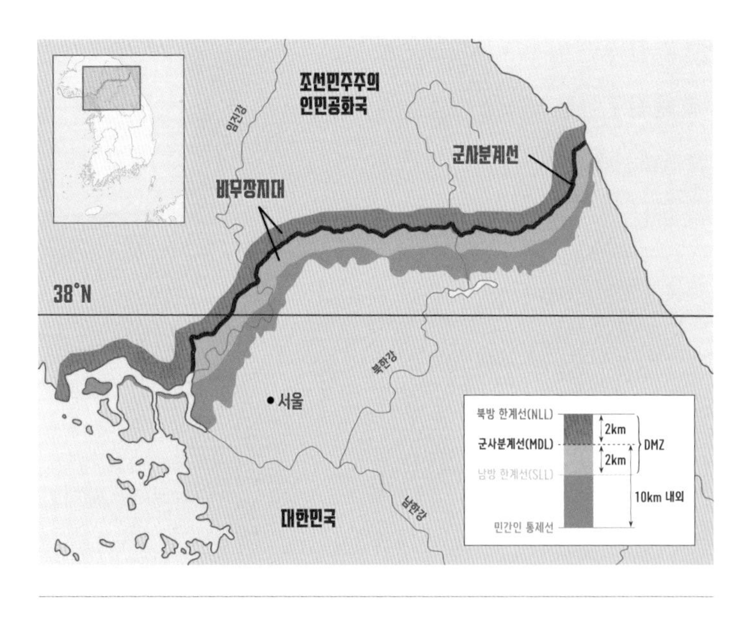

한반도를 가로지르는 비무장지대는 군사분계선 기준 남북으로 각각 2km 범위에 놓여 있다.

'맥(脈)'이 들어갑니다. '맥'은 줄기를 뜻하는 단어로 선의 개념을 연상시키지만, 산줄기는 엄연한 부피를 갖는 면의 개념이에요. 태백산맥을 태백산지(山地)로 바꿔 부르면 느낌이 달라지는 것처럼요. 마찬가지로 비무장지대를 군사분계선이 아닌 '면'으로 바라볼 때 비로소 공간감이 생기고, 그 안을 점유하는 다양한 지리적 요소가 질서를 잡습니다.

비무장지대를 면으로 바라보면 남북이 고르게 나누어 가진 좁고 긴 공간이 비로소 눈에 들어옵니다. 임진강 하구에서 시작해 행정구역상 경기도 파주에서 강원도 고성까지 이어진 비무장지대는 남과 북 어느 쪽도 지배하지 않는, 아니 지배할 수 없는 주인 없는 땅입니다. 바로 이 점이 비무장지대를 새롭게 바라보는 출발점이에요.

생태계의 보고, 비무장지대

세계에는 주인 없는 공간이 몇 있어요. 남극 대륙이나 전 세계가 같이 쓰는 바다인 공해(公海)가 대표적인 곳입니다. 이 공간을 호시탐탐 노리는 세력은 여전히 있지만, 인류 공동의 공간이라는 국제사회의 합의는 아직 유효합니다. 비무장지대도 마찬가지예요. 엄연히 한반도의 허리춤을 꿰찬 공간이지만 어떤 나라도 이곳에 들어가 주인 노릇을 할 수 없어요. 한국전쟁을 멈춘 정전협정에 따라 마련된 공간이기에 협정 위반은 곧 선전포고입니다. 주인 없는 비무장지대의 시계는 어느덧 반세기를 훌쩍 넘어 한 세기를 향해 나아가고 있습니다.

비무장지대를 위성사진으로 보면 흥미로운 사실을 발견할 수 있어요. 바로 온통 짙은 녹색이라는 점이에요. 비무장지대로 설정되지 않은, 인간이 활발히 활동하는 곳과 비교하면 그야말로 오래 가꾼 정원 혹은 거대한 숲의 느낌을 주지요. 그도 그럴 것이 비무장지대는 인간은 물론이고 동식물이 살기에 좋은 온대기후 지역에 있기 때문입니다.

한반도는 북위 33~43°에 걸쳐 있는 중위도 온대기후 지역입니다. 중위도라서 사계절이 나타나고 기후가 대체로 온화해요. 백두산 같은 고지대를 제외하면 한반도 대부분 지역이 나무가 자랄 수 있는 조건인 최난월 평균 기온 10℃ 이상을 충족합니다. 한반도의 허리춤에 있는 비무장지대도 물론 같은 조건을 갖추었지요.

비무장지대는 강수량도 풍부합니다. 한반도의 연평균 강수량은 약 1,300mm예요. 비무장지대를 따라 이어진 파주, 연천, 철원, 양구, 고성 등은 모두 한반도 연평균 강수량을 웃돌지요. 강수량이 풍부하고 기온이 동식물의 생장에 알맞은 비무장지대는 생태계가 안정적으로 유지될 수 있는 훌륭한 조건을 갖추었습니다. 만약 비무장지대가 건조기후였거나 해발고도가 높은 고산기후 지역이었다면 지금과 같은 생태계를 꾸리기엔 역부족이었을 거예요. 인간은 물론 동식물도 누울 자리가 좋아야 다리를 뻗을 수 있는 법이지요.

온대기후 지역의 돌연변이, 비무장지대

온대기후 지역은 세계에서 평균 인구 밀도가 가장 높고 대도시가 밀집해 있습니다. 생활하기에 좋은 환경을 지닌 터라 사람이 모이고 도시가 발달하기 쉽지요. 하지만 앞서 이야기했듯 비무장지대는 전 지구의 온대기후 지역 중 인간의 발길이 오랫동안 끊긴 유일한 공간입니다. 그런 면에서 비무장지대는 온대기후 지역의 돌연변이 같아요. 드물게 발견되는 희귀한 변종처럼 지구촌에서 유일무이한 개성을 뽐내는 이색 공간이 바로 비무장지대이지요.

오랫동안 인간의 발길이 닿지 않은 비무장지대엔 그에 맞춤한 생태계가 조성되었습니다. 전쟁으로 망가진 자연환경은 자연의 자정 작용을 통해 회복되었고, 여러 야생동물이 모여 나름의 먹이사슬을 형성했어요. 비무장지대를 서부·중부·동부로 크게 삼등분해 살펴보면 각각의 지리적 특징에 맞게 생태계가 질서를 잡은 것을 알 수 있습니다.

산지의 비중이 큰 동부 지역은 신갈나무와 사스래나무를 중심으로 식생의 위계가 잡혔습니다. 신갈나무는 중국, 몽골, 시베리아 등 고위도 지역에서 우세하게 자리 잡는 나무이고, 사스래나무는 높은 산지의 중턱 이상에서 자라는 큰키나무예요. 그래

멸종위기 야생생물 I급인 산양(왼쪽)과 두루미(오른쪽).
인간의 발길이 끊긴 비무장지대에는 수많은 멸종위기종이 산다.
그만큼 비무장지대의 생태 환경이 우수하다는 뜻이다.

서 이들은 해발고도가 높은 동부 산지에 자연스레 둥지를 틀었지요. 중부 지역은 한국전쟁 이전에 인간이 개간한 논과 수리 시설이 방치되어 자연스레 습지로 변한 곳을 쉽게 찾아볼 수 있어요. 해안과 가까운 서부 지역은 연속되는 낮은 언덕들에 다양한 해안 식물과 상수리나무, 리기다소나무 등이 공간을 점유해 왔습니다.

2018년 환경부 산하 국립생태원의 조사 결과에 따르면, 오늘날 비무장지대에는 4,200여 종의 동물과 2,000여 종의 식물이 산다고 합니다. 또한 남한 면적의 1.6%에 불과한 비무장지대에서 국내 멸종위기종의 약 38% 이상이 서식한다고 해요. 인간의 간섭이 없는 온대기후 지역이 생태적으로 어떤 변화를 보이는지 엿볼 수 있는 대목입니다.

생태학자 최재천 교수는 한반도가 통일되더라도 비무장지대는 현재의 모습으로 남겨야 한다고 주장했습니다. 비무장지대를 탄자니아의 세렝게티나 브라질의 아마존처럼 인류가 함께 관심을 가지고 보존해야 할 세계유산으로 본 것이지요. 통일 이후 비무장지대에 아파트 일색의 신도시를 조성하거나 대단지 상업시설을 만드는 일은 신중하게 생각해야 합니다. 통일 후 비무장지대를 난개발한다면 인류의 공동 자산을 훼손하는 일이 된다는 최 교수의 일갈은 생태·지리적 관점에서도 타당한 주장입니다. 왜일까요?

백두대간을 예로 들어 봅시다. 백두대간은 백두산에서 출발해 지리산에서 끝납니다. 백두대간이 처음 소개된 사료는 통일신라 말기에 승려 도선이 지은 《옥룡비기》입니다. 도선은 백두대간을 물과 나무의 근원으로 봤어요. 18세기에 《택리지》를 저술한 이중환은 한 걸음 더 나아가 백두대간의 생태적 잠재력뿐만 아니라 산줄기의 연속적 흐름에도 주목했어요. 이중환이 제시한 '백두산에서 지리산까지' 연속된 산줄기로 백두대간을 바라보면, 그곳이 육지의 다양한 동식물을 하나의 줄기로 엮을 수 있는 생태계의 보고임을 알아챌 수 있습니다. 백두대간은 한반도를 남북으로 잇는 핵심 생태 축이라는 거예요.

이러한 백두대간의 생태·지리적 의의는 비무장지대에도 적용됩니다. 임진강 하구에서 동해안까지 동서로 이어지는 비무장지대 역시 연속된 흐름을 지닌 생태 공간입니다. 규모와 길이에선 백두대간이 앞서지만, 인간의 간섭이 없는 본모습 그대로의 생태계라는 면에서는 비무장지대가 앞섭니다.

통일된 한반도의 비무장지대 그리기

한반도가 통일되면 비무장지대는 어떤 공간으로 탈바꿈할까요? 가장 먼저 생각해 볼 수 있는 것은 소통의 재개입니다. 분단된 한반도에서 남한은 삼면이 바다인 섬입니다. 육상 교통을 통해 다른 나라로 갈 수 없는 공간적 장벽은 반도의 지리적 이점을 갉아먹는 한계이지요. 만약 꽁꽁 묶였던 한반도의 허리띠가 풀리면 물자와 사람이 자유롭고 활발하게 오갈 수 있습니다.

한반도는 분단 이전까지 서울과 의주를 잇는 경의선, 서울과 원산을 잇는 경원선 등 남북을 잇는 육상 교통망이 있었어요. 통일 이후 이 교통망은 때를 기다렸다는 듯 자연스럽게 복원되어 중국과 러시아를 향해 뻗어 나갈 태세를 갖추게 될 테지요. 남북

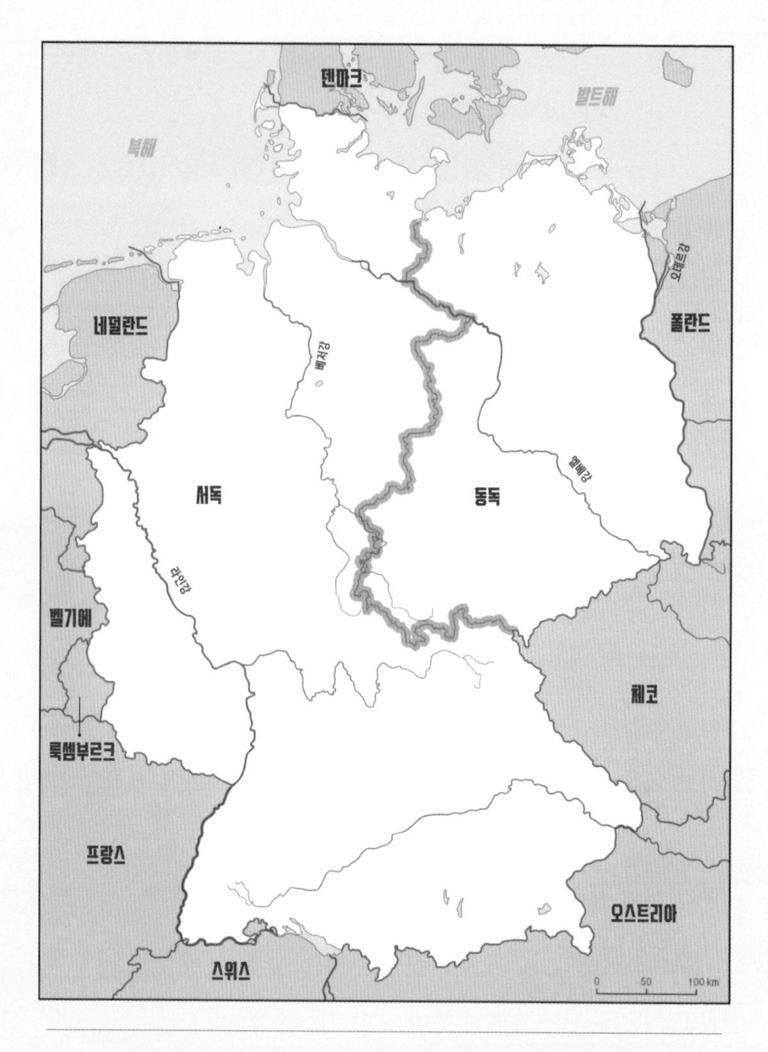

옛 동·서독의 국경선을 따라 폭 50~200m, 길이 약 1,400km의 그뤼네스반트가 뻗어 있다.
이곳에 멸종위기 생물 600종 이상이 서식한다고 알려져 있다.

과거 동독이었던 튀링겐과 서독이었던 바이에른 사이의 그뤼네스반트.
경작지 사이를 가로지르는 번개 모양의 땅이 그뤼네스반트다.

이 원활하게 소통하는 것은 분명 반가운 일입니다. 하지만 생태계의 보고가 된 비무장지대에 다양한 교통로를 신설하는 것은 고민이 필요한 일이에요. 이쯤에서 우리보다 먼저 분단을 극복한 경험이 있는 독일에 주목해 봅시다.

독일은 통일 이후 약 150km에 걸쳐 놓인 베를린장벽과 1,400km에 달하는 경계선을 빠르게 해체했어요. 한 보도에 따르면 독일 사람들은 통일 이후 분단의 유물 대부분을 황급하게 걷어 낸 것을 아쉬워한다고 해요. 비슷한 실수를 반복하지 않도록 인류에게 꾸준히 교훈을 전하는 유산으로 남겨야 했다는 것이지요. 독일은 분단의 경계선 일부를 '그뤼네스반트(Grünes Band, 녹색의 띠)'로 남겨 보존하고 있지만, 이 역시 옛 모습 그대로는 아닙니다.

독일의 경험은 통일 이후 우리의 비무장지대가 맞닥뜨릴 미래에 시사하는 바가 큽니다. 최근 한 연구에선 비무장지대를 통과하는 도로와 철도를 지하 또는 교각 위에 놓아 비무장지대의 모습을 보존하는 방법이 논의되었어요. 아무래도 교통로가 놓이는 곳은 산지의 비중이 높은 동부보다 중부와 서부의 평야 지대가 될 확률이 높습니다. 경의선은 파주를 지났고, 경원선은 철원을 지났어요. 이 공간은 하천 하구의 너른 평야이거나 산지 사이의 분지입니다. 주요 교통로가 지나는 곳의 비무장지대는 통일 이후 더욱 신경 써서 관리할 필요가 있습니다.

순다르반으로부터 배우다

방글라데시의 순다르반 지역은 갠지스강, 브라마푸트라강 등이 바다로 유입되며 삼각주를 수놓은 곳으로, 세계에서 가장 넓은 맹그로브숲이 있습니다. 순다르반은 그 생태적 가치를 인정받아 1987년 유네스코 세계유산으로 지정됐어요.

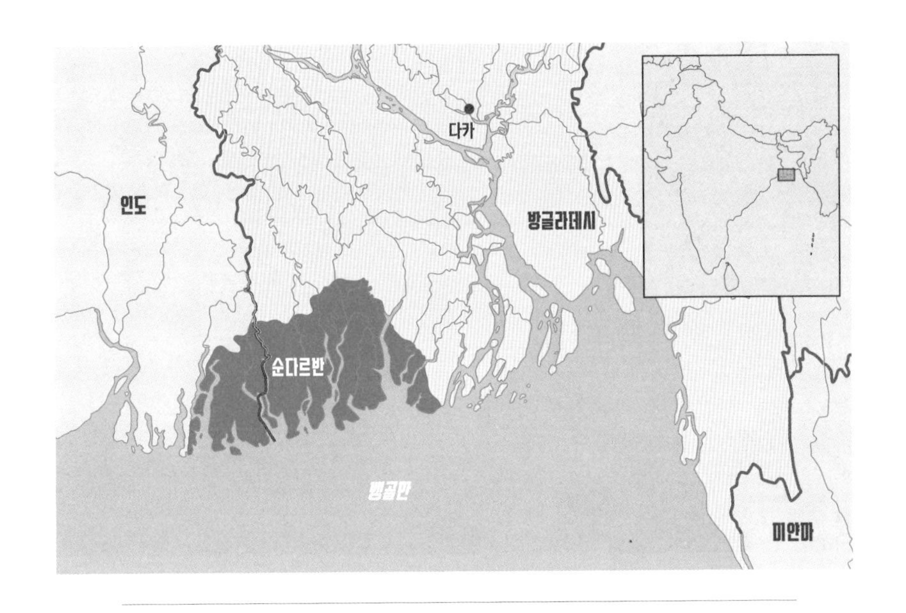

방글라데시 순다르반 세계유산의 지리적 범위

맹그로브는 주로 바닷물이 따뜻한 열대 및 아열대 해안에서 자생하는 나무인데, 호흡 기능을 수행하는 나무뿌리가 수면 밖으로 튀어나온 것이 특징입니다. 맹그로브는 뿌리 사이마다 해안 생물이 서식할 수 있는 공간을 마련해 주지요. 맹그로브는 마치 얕은 바다의 산호초처럼 해안에 쌓여 다져진 토양을 단단하게 잡아 주어 너른 공간을 제공합니다.

해안을 병풍처럼 막아선 맹그로브는 해저 지진으로 발생하는 지진해일(쓰나미)을 막아 주는 완충 역할도 수행합니다. 이와 같

순다르반 맹그로브숲의 모습

은 맹그로브숲의 순기능은 2004년 수마트라 대지진에서 여실히 드러났어요. 지진해일에 속수무책으로 당한 지역과 그렇지 않은 지역이 맹그로브숲의 밀도와 높은 상관성을 보였기 때문이에요. 나아가 맹그로브는 기후변화 완화에도 큰 도움을 준다고 합니다. 탄소 저장 능력이 탁월하기 때문입니다. 따라서 맹그로브숲이 파괴되면 기후변화는 더욱 가속화하겠지요.

국가의 특별 관리를 받는 순다르반은 통일된 한반도 비무장지대가 참고할 만한 모범 사례입니다. 순다르반과 비무장지대는 여러모로 닮았어요. 생물 다양성이 높고 희귀 생물종이 인간의 간섭을 피해 서식한다는 점에서 그렇습니다. 순다르반은 1878년에 산림 보호 구역으로 지정되었고, 1977년에는 야생동물 보호 구역으로도 지정됐어요. 인간의 손길이 닿지 않는 곳으로 유지하고자 방글라데시와 인도가 강력한 법과 제도로 보호하고 있는 것이지요.

오랫동안 자연 그대로 보존된 비무장지대도 남다른 생태·지리적 가치를 가진 공간입니다. 최근 유네스코 세계유산 위원회는 한반도 비무장지대의 생태적 가치를 눈여겨보고 있어요. 훗날 비무장지대는 한반도를 넘어 동아시아에서 가장 넓고 긴 유네스코 생물권보전지역이 될 가능성이 큽니다. 나아가 냉전 시대의 유물이자 전쟁의 상흔을 간직한 역사 공간으로 인류에게 귀중한 교훈을 전달하는 역할을 할 수도 있지요. 생태적 가치뿐만 아니라 세계문화유산으로서의 가치도 매우 높다는 뜻입니다. 비무장지대가 한반도 통일 이후에도 '오래된 미래'로서 존속해야 하는 이유입니다.

ZOOM IN

비무장지대의 상징, 판문점

남측에서 바라본 판문점 전경.
멀리 보이는 회색 건물이 판문각, 가까이 보이는 하늘색 건물이 판문점이다.
북측에서 남측을 바라보면 판문점 뒤로 자유의 집이 판문각과 대칭을 이룬다.

판문점은 비무장지대의 상징물 역할을 합니다. 경기도 파주시에 있는 판문점은 비무장지대를 생생하게 느낄 수 있는 살아 있는 역사 공원과 같아요. 판문점의 정식 이름은 '군사정전위원회 판문점공동경비구역'으로 제법 길어요. 영어로는 공동경비구역을 뜻하는 JSA(Joint Security Area)입니다.

판문점은 한국전쟁 정전협정을 맺은 곳으로, 이후 남과 북의 행정력이 모두 미칠 수 없는 공간이 되었습니다. 판문점의 슬로건은 '평화의 여정, 마지막 냉전의 상징'이에요. 분단을 끝내고 통일을 이루자는 뜻에서 '평화의 여정'은 쉽게 이해할 수 있지만, '마지막 냉전의 상징'이라는 문장은 무슨 뜻일까요?

2018년 남북 정상은 판문점에서 만나 두 손을 잡고 야트막한 콘크리트 블록을 넘나드는 장면을 연출했어요. 당시 두 정상이 넘나든 콘크리트 블록이 바로 군사분계선으로, 해당 장면은 세계인의 이목을 집중시켰습니다. 그도 그럴 것이 두 분단국은 전쟁을 끝낸 종전이 아닌 전쟁을 보류하는 정전 상태이기 때문이에요.

대한민국(남한)과 조선민주주의인민공화국(북한)은 서로 다른 정치 및 경제 이데올로기로 살아갑니다. 분단 당시 미국을 위시한 연합국을 등에 업은 남한은 자유민주주의 시장경제 질서를 택해 지금껏 살아왔어요. 반면 구소련과 중국을 등에 업은 북한은 사회주의 계획경제의 질서 아래 오늘에 이르렀지요. 냉전(冷戰)은 제2차 세계대전 이후 미국과 소련을 중심으로 한 두 세력, 즉 자본주의 국가와 공산주의 국가 사이의 갈등과 긴장을 뜻합니다. 무기를 들고 싸우는 열전(熱戰)과 달리 무력 충돌 없는 대립 상태를 가리킵니다. 두 세력의 각축장으로서 한반도의 비무장지대, 그 연장선에 있는 판문점은 냉전의 유물입니다.

삼면이 바다로 둘러싸여 있고 한 부분이 대륙과 연결된 한반도는 큰 시야에서 대륙 세력과 해양 세력의 지정학적 경계로 기능합니다. 대륙 세력에게 한반도는 바다를 향해 나아가는 전초 기지이고, 해양 세력에게는 대륙 진출을 위한 교두보의 성격을 띠기 때문입니다. 판문점은 보이지 않는 냉전의 경계를 눈으로 직접 볼 수 있는 낯선 경험을 선사하는 장소입니다.

0°

5°

10°

15°

20°

기후변화의 척도가 되는 곳

티베트고원

히말라야산맥의 별명은 세계의 지붕입니다. 세계에서 가장 높은 에베레스트산이 있기 때문이기도 하지만, 그와 더불어 8,000m 이상의 고봉이 줄지어 이어지기 때문이기도 해요. 히말라야산맥은 산악인이라면 한 번은 도전해야 할 필생의 과업과도 같은 곳입니다. 그들 중 몇몇은 히말라야를 정복한 기쁨을 누리고, 몇몇은 히말라야에서 영면에 들기도 하지요. 목숨을 건 극소수에게만 정상을 허락하는 히말라야산맥은 성스러운 느낌을 줍니다.

인간이 쉬이 다가가기 힘든 히말라야산맥을 몇몇 새는 자유롭게 오갑니다. 그중에서 가장 유명한 새는 줄기러기예요. 인도기러기라고 부르기도 하지요. 중앙아시아에서 번식하는 줄기러기는 겨울을 나기 위해 히말라야산맥을 넘어 남쪽으로 이동합니다. 줄기러기에 위치 추적 장치를 부착해 조사한 결과에 따르면, 이들은 2개월여 동안 약 1,300~1,500km에 이르는 거리를 날며 히말라야를 넘는다고 합니다. 최대 약 7,300m 높이까지 비행할 수 있다고 하니, 줄기러기는 아마도 오랜 시간 히말라야산맥을 넘나들며 독특한 진화 과정을 거쳤을 것 같네요. 문득 이런 생각이 듭니다. 줄기러기의 여정을 따라가다 보면 히말라야산맥이 만든 흥미로운 공간 이야기를 엿볼 수 있지 않을까요?

판과 판의 움직임으로 만들어진 산맥

산맥은 산지가 연달아 이어지는 지형을 말합니다. 산맥의 맥(脈)은 혈관의 정맥, 동맥 할 때의 그 '맥'으로 본줄기를 뜻해요. 그러니 산맥은 산'줄기'이지요. 산줄기는 어떻게 만들어질까요? 간단히 말하자면 지구 내부의 에너지에 의해 주변보다 지표면이 높게 솟으며 만들어졌습니다. 그것도 나무가 줄기를 뻗듯 연속적으로 말이에요. 하지만 산맥을 조금 더 깊게 이해하려면 판구조론을 이야기하지 않을 수 없습니다.

지구를 복숭아에 비유해 봅시다. 복숭아의 씨는 지구의 내핵, 씨를 둘러싼 내과피는 외핵에 해당합니다. 우리가 먹는 부분인 복숭아의 중과피는 지구의 맨틀, 껍질인 외과피는 지각에 해당하고요. 인간의 삶에 직접 영향을 주는 것은 지구의 껍질이라고도 할 수 있는 지각으로, 판이라고도 부릅니다. 판은 여러 조각으로 나뉘어 있고, 우리가 느낄 수 없을 정도로 조금씩 쉬지 않고 움직여요. 또 판은 크게 대륙판과 해양판으로 나뉩니다. 대륙판은 오늘날 큰 대륙을 이루는 곳, 해양판은 넓은 해양을 이루는 곳으로 이해해도 좋아요.

판은 이동하면서 서로 멀어지기도 하고 만나기도 합니다. 두 가지 경우 중 세계적으로 거대한 산맥이 만들어지는 것은 대부

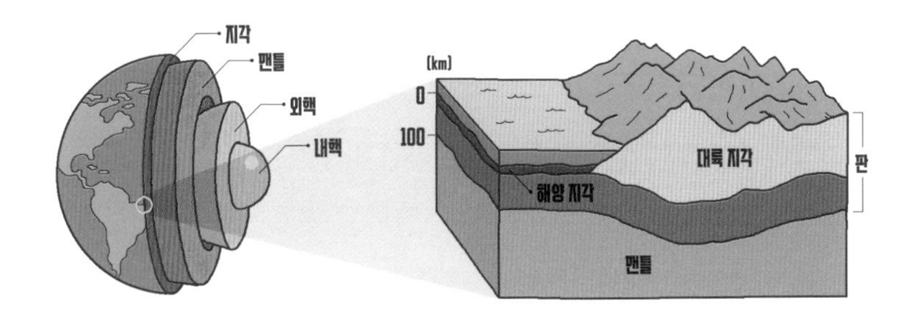

지구 내부의 구조. 내핵은 주로 철과 니켈로 이루어진 고체이고, 외핵은 액체 상태의 금속이다. 맨틀 위의 판은 크게 대륙판과 해양판으로 나눈다. 해양판은 대체로 대륙판보다 얇고 밀도가 높다.

분 후자예요. 판이 서로 만나 부딪히는 경우의 수는 크게 세 가지입니다. 대륙판과 대륙판이 만나거나, 대륙판과 해양판이 만나거나, 그것도 아니면 해양판과 해양판이 만나거나. 이 중에서 히말라야산맥은 대륙판과 대륙판이 만나 만들어졌지요.

해양판은 대륙판보다 얇고 밀도가 높습니다. 그래서 대륙판과 해양판이 만나면 밀도가 높은 해양판이 대륙판 밑으로 파고들어갑니다. 하지만 지각이 두껍고 밀도가 비슷한 대륙판끼리 만나면 둘은 양보보다는 힘겨루기를 택합니다. 씨름으로 치면 천하장사와 천하장사가 만난 경우이지요. 바로 이럴 때 높고 험준한 산맥이 만들어집니다. 히말라야산맥처럼 말이에요.

히말라야산맥의 탄생

히말라야산맥은 대륙판인 유라시아판과 인도-오스트레일리아판이 만나 힘을 겨루는 과정에서 만들어졌어요. 오늘날 인도반도를 이루는 대륙판이 지금의 아시아를 향해 이동하는 동안 그 사이에 있던 퇴적물이 양방향의 힘을 감당하지 못해 위로 솟았지요. 그렇게 서서히 두 판의 거리가 좁혀지며 높고 험준한 지형을 이룬 것이 바로 히말라야산맥입니다.

고생대부터 번성한 해상 연체동물인 암모나이트 화석이 산지 중턱에서 발견되었는데, 이는 히말라야산맥이 해저 퇴적물을 밀어 올리며 형성되었음을 증명합니다. 최근의 한 연구는 대륙판끼리 충돌하기 전부터 산맥은 이미 높이 솟아올라 있었다는 결과를 냈지만, 히말라야산맥이 대륙판끼리 충돌해 만들어졌다는 사실은 변함이 없습니다. 히말라야산맥은 지금도 거북이걸음으로 높아지는 중입니다.

해발 6,000~8,000m 산줄기가 연속되는 거대한 히말라야산맥은 인간 생활뿐만 아니라 지구의 공기 흐름에도 커다란 영향을 줍니다. 동서 방향으로 길게 활처럼 휜 모양을 지닌 히말라야산맥은 인도양과 아시아 대륙을 나누는 경계처럼 보입니다. 바로 이 대목에 주목할 필요가 있어요. 히말라야산맥이 완벽하게 공

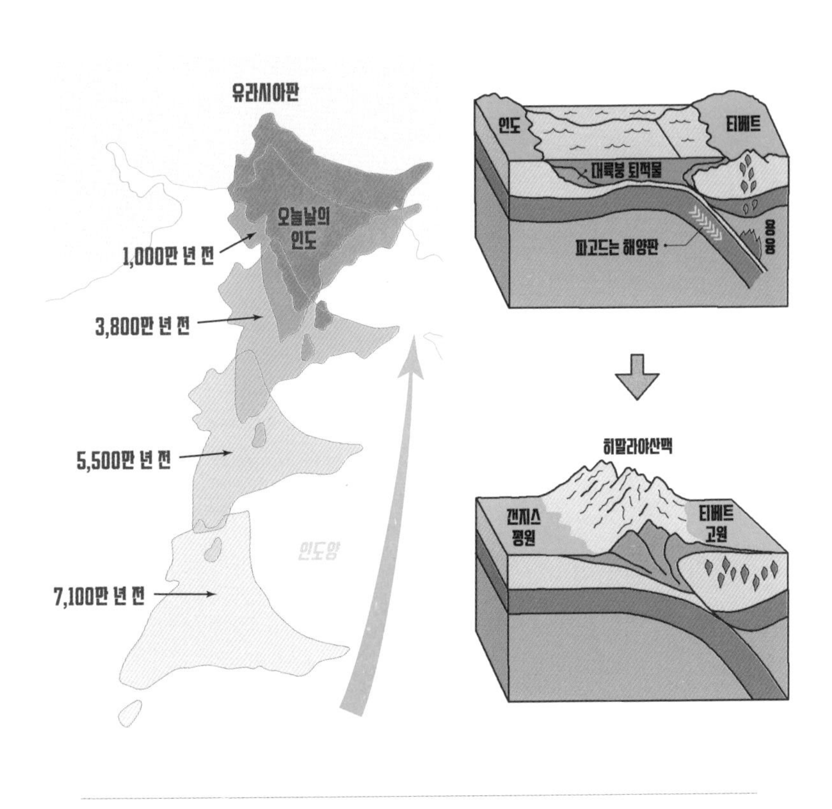

인도판의 북상 과정(왼쪽)과 히말라야산맥의 탄생 과정(오른쪽)

간을 나눈 덕에 마주 보는 두 공간의 성격이 완벽하게 달라져서예요. 마치 지킬 박사와 하이드 씨처럼요!

히말라야산맥의 북쪽 사면, 티베트고원

히말라야산맥의 북쪽에 있는 티베트고원은 세계에서 가장 넓은 고원입니다. 우리나라 면적의 약 30배에 달할 정도로 넓지요. 또한 티베트고원의 평균 해발고도는 4,500m 정도로 어지간한 산은 명함을 내밀기 힘들어요.

티베트고원은 드넓은 초원을 자랑하지만, 사람이 살기엔 불리합니다. 우선 너무 높아서 산소가 부족해요. 해발고도가 올라가면 중력이 붙들 수 있는 산소의 양이 줄어들어요. 히말라야를 등반하는 산악인이 등에 짊어진 산소통을 목숨처럼 여기는 까닭이지요. 내리는 비의 양도 아주 적습니다. 불모지 사막보다는 사정이 나은 편이지만, 일 년에 내리는 비의 양이 약 200mm 내외예요. 우리나라의 일 년 강수량이 1,300mm 내외인 것을 생각하면 얼마나 적은 양인지 알 수 있지요. 해발고도가 높아 산소가 부족한 건 어쩔 수 없다고 하더라도, 어째서 건조하기까지 한 걸까요? 원인은 히말라야산맥입니다.

히말라야산맥은 거대한 자연 장벽이에요. 여름에는 인도양에서 티베트고원을 향해 덥고 습한 바람이 부는데, 바로 이 바람이 가는 길을 히말라야산맥이 완벽하게 차단합니다. 본래 습기를 머금은 공기가 산을 타고 오르며 구름이 되었다가 높은 산등성

티베트고원의 모습. 평균 해발고도가 약 4,500m에 달한다.

이를 넘기 위해 무게를 낮추려고 수증기의 일부를 비로 내리고 나머지가 산을 넘어갑니다. 하지만 히말라야산맥은 너무 높아 나머지 수증기가 넘어가는 것조차 허락하지 않아요. 인도양에서부터 엄청나게 많은 수증기가 밀려들지만, 히말라야산맥이라는 장벽 때문에 극도로 비가 오지 않는 공간, 그게 바로 티베트고원이에요.

또한 티베트고원은 겨울철 온도가 영하 40℃를 넘나드는 강추위를 자랑합니다. 해발고도가 워낙 높은 데다 시베리아에서

하늘을 나는 줄기러기. 줄기러기 중 길을 잃은 개체는 어쩌다 우리나라를 찾기도 한다.

발달하는 강력한 대륙 기단의 영향까지 받기 때문이에요. 줄기러기는 이때 추위를 피해 히말라야산맥을 넘어 인도와 미얀마로 향합니다. 때마침 계절풍의 방향도 티베트고원에서 인도양을 향해 부는 터라 상대적으로 이동이 수월하지요. 이렇게 보면 줄기러기는 높이 나는 게 좋아서가 아니라 살기 위해 히말라야산맥을 넘어야 했다고 봐야 합니다. 누군가는 애초에 따뜻한 남쪽에 정착하면 되지 않느냐고 물을지 모르겠네요. 하지만 이 역시 정답은 아니에요. 철새의 이동은 여전히 수수께끼지만, 지리적으로 보자면 서식 환경에서 단서를 찾을 수 있습니다.

줄기러기는 늪지대를 좋아해요. 식물성 먹이를 선호하지만, 가끔 갑각류와 무척추동물도 먹습니다. 늪지대 같은 습지는 수중 생태계과 육상 생태계가 공존해 줄기러기가 좋아하는 먹이가 풍성하지요. 티베트고원에는 수를 헤아리기 힘들 정도로 많은 늪이 있어요. 겨우내 얼었던 땅이 여름철에 기온이 오르면 자연스럽게 늪을 만들어내기 때문이에요.

줄기러기는 아마도 이러한 환경 변수를 고려하면서 히말라야 산맥을 넘는 모험을 강행했을 것이고, 오랜 시간 서식지와 월동지를 오가며 오늘날과 같이 진화했을 겁니다. 줄기러기를 관찰한 한 연구에 따르면, 줄기러기는 여느 기러기보다 산소가 많은 곳과 적은 곳을 자유로이 오갈 수 있도록 고공 및 저공비행에 특화된 신체 조건을 지니고 있다고 합니다. 대표적으로 크기가 같은 다른 새들보다 폐가 크고, 적혈구 내 헤모글로빈의 산소 친화도(산소를 붙잡아 두는 능력)가 높다고 해요. 목숨을 걸어야 할 만큼 드높은 산을 줄기러기가 자신 있게 넘나들 수 있는 이유이지요.

히말라야산맥의 남쪽 사면, 아삼 지방

티베트고원에서 남쪽으로 히말라야산맥을 넘으면 지금까지와는 완전히 다른 세상이 펼쳐집니다. 가장 주목할 곳은 인도의 메갈라야주입니다. 메갈라야는 힌디어로 '구름의 집'이라는 뜻이에요. 구름이 많은 까닭은 지도를 보면 쉽게 이해할 수 있습니다. 여름철에 인도양에 속한 벵골만에서 비구름이 대거 몰려온다고 가정하고 지도를 보세요. 그러면 방글라데시를 지나 'ㄱ'자 모양으로 생긴 산맥을 찾을 수 있어요. 그 산맥 바로 뒤는 거대한 장벽인 히말라야산맥이 있고, 그 사이로 벵골만으로 흘러드는 브라마푸트라강이 흐릅니다. 메갈라야주의 지형은 마치 거대한 수증기를 갈고리로 낚아채는 모양새라, 세계에서 비가 가장 많이 오는 마을인 체라푼지가 이곳에 있어요. 체라푼지의 연평균 강수량은 10,000mm를 넘기는 경우가 부지기수입니다.

메갈라야주를 포함해 갈고리 모양으로 생긴 주변 지역을 한데 묶어 아삼 지방이라고 부릅니다. 아삼 지방은 홍차의 성지예요. 중국에서 홍차를 들여와 자신들의 식문화로 발달시킨 영국은 인도를 식민 지배하는 시기에 아삼 지방을 홍차 재배지로 낙점했습니다. 따뜻하고 비가 잦고 경사가 가팔라 배수가 좋은 아삼 지방은 차 재배지로 제격이지요. 1860년대부터 약 한 세기

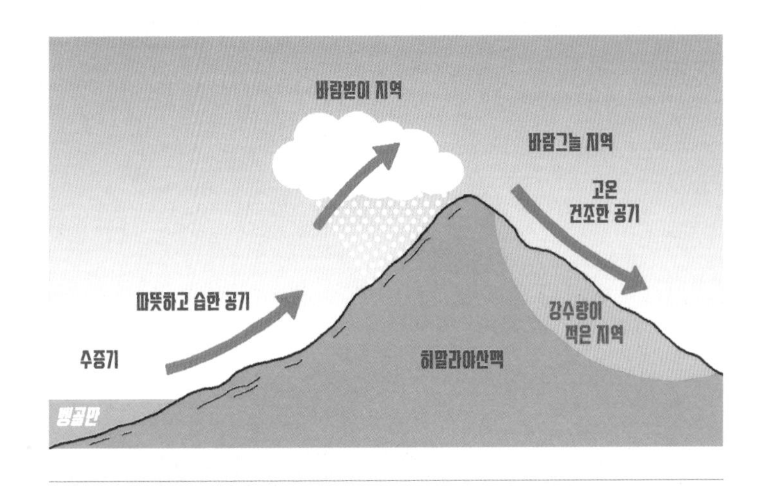

바람받이 지역은 지형성 강수 현상으로 다우지를 형성한다. 바람그늘 지역은
건조한 바람이 불어와 소우지가 나타난다. 히말라야산맥의 바람받이 지역에 속한 네팔, 부탄 등은
강수량이 집중되고, 바람그늘 지역에 속한 티베트고원은 건조 사막 기후가 나타난다.

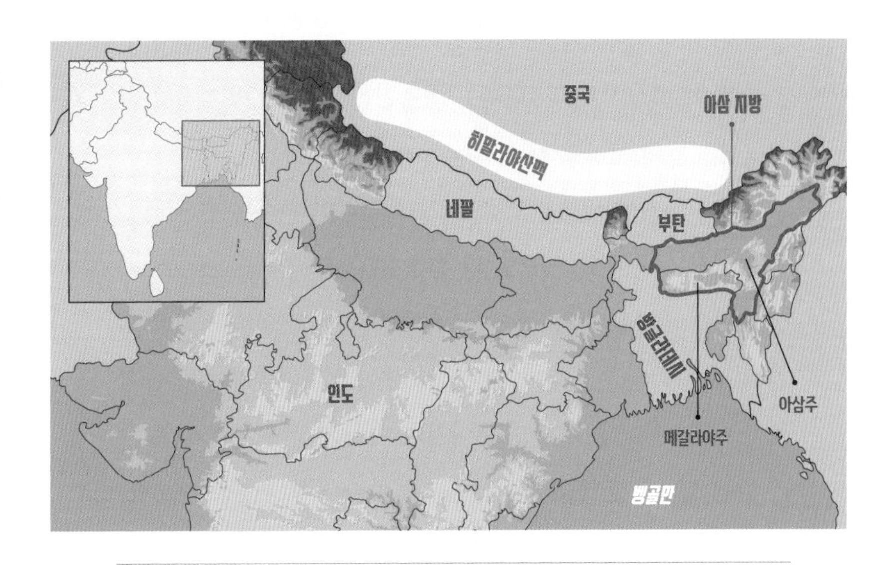

인도 동북부의 아삼 지방

아삼 지방의 차 농장에서 노동자들이 찻잎을 수확하고 있다.

동안 영국의 홍차 수요를 감당한 아삼 지방은, 오늘날에도 인도 홍차의 약 3분의 2를 재배하고 있습니다. 아삼 지방은 인간이 지리적 조건의 이점을 잘 활용한 좋은 사례입니다.

그러나 농장이 대부분 플랜테이션으로 운영된다는 점은 이곳의 한계입니다. 플랜테이션이란 원주민을 값싼 임금으로 고용해 상품이 될 작물을 단일 경작하는 형태를 말해요. 차 농장의 소유자 및 유통 기업은 대부분 외지인이고, 농장의 열악한 주거 환경에서 생활하는 노동자에게 떨어지는 이윤은 아주 적습니다. 이와 같은 불합리한 구조가 개선된다면 아삼 지방의 차 농장은 인간과 대지의 좋은 상생 모델이 될 수 있을 거예요.

겨울철 혹한을 피해 대략 10월에서 이듬해 3월까지 아삼 지방에서 지내던 줄기러기는 여름 계절풍이 찾아오기 전 다시 히말라야산맥을 넘습니다. 여름 계절풍이 지배하는 덥고 습한 환경과는 맞지 않아서예요. 때마침 계절풍의 방향도 해양에서 대륙 쪽으로 바뀌기 시작하는 때이기도 해요. 아삼 지방의 겨울은 강렬한 폭우가 내리는 여름의 우기와는 달리 보란 듯이 비가 사라져 줄기러기의 월동을 돕습니다. 갈 때와 머물 때를 아는 줄기러기의 습성은 이처럼 놀랍도록 지리적이네요. 실은 대부분 철새의 습성이 그렇답니다.

히말라야산맥 주변의 이상 징후

티베트고원은 최근 기후변화에 따른 위기의식이 날로 높아지고 있어요. 티베트고원은 비의 양이 매우 적은 반건조 지역이지만, 별명은 아시아의 급수탑이에요. 반건조 지역과 급수탑의 조합은 어색하지만, 지리적으로 보면 충분히 어울리는 한 쌍입니다. 무슨 뜻일까요?

히말라야산맥은 지구에서 극지방 다음으로 많은 민물이 얼음 또는 지하수 형태로 보존되어 있어 제3극으로 불립니다. 히말라야산맥 일대는 높은 산맥과 고원이 광활하게 펼쳐져 있는 터라, 어떤 형태로든 수증기가 이곳에 도달하면 도망가지 못하고 갇히는 경우가 많아요. 일정 고도 이상에서는 산악 빙하의 형태로, 땅속에서는 지하수의 형태로 갇혀 있습니다. 이곳에 모인 물은 약 20억 명에게 안정적으로 물을 공급할 수 있는 양입니다.

그런데 최근 기후변화로 티베트고원의 여름 기온이 도드라지게 상승하고 있어요. 중위도의 고지대인 티베트고원은 그동안 연중 대부분 영하의 기온을 보여 왔지만, 최근 기온이 오르면서 얼음이 녹고 지하수 유출이 빨라지고 있습니다. 흥미로운 점은 티베트고원의 높이와 비슷한 약 5,500m의 고도는 태풍의 경로, 세계 기후변화를 예측하는 기준 고도라는 점입니다. 전 지구적으로 이 고도대의 기후를 주기적으로 점검하고 있는데, 최근 기준 고도의 기온 상승이 가팔라지는 추세예요. 기준 고도에서의 기온 상승은 티베트고원의 기후변화와 맞닿아 있습니다.

티베트고원의 기온이 상승할 때 가장 우려되는 점은 만년설을 비롯한 빙하의 감소입니다. 눈보다 비가 잦아지면 빙하가 점점 줄어들게 되고, 지하수가 저장되기보다는 배출됩니다. 에베레스트산 베이스캠프에 설치된 기상 관측소에 따르면 2023년 6월부터 8월 초까지의 강수량 중 약 75%가 눈이 아닌 비였다고 해요. 이렇게 비가 자주 내리게 되면 빙하가 빨리 녹는 것은 물

기후변화로 히말라야산맥과 티베트고원의 빙하가 녹아내리고 있다.

론이고 빗물이 토양에 스며 산사태나 홍수 등 자연재해가 증가할 수 있어 위험합니다.

나아가 티베트고원의 기온 상승은 우리나라의 여름철 폭염에도 영향을 줍니다. 티베트고원의 더운 공기가 편서풍을 따라 한반도로 넘어오면, 덥고 습한 북태평양고기압과 만나 기온을 더욱 높이기 때문이에요. 최근 갈수록 늘고 있는 한반도의 폭염 일수는 티베트고원 일대의 환경 변화와 무관하지 않지요.

아삼 지방도 사정이 다르지 않아요. 최근 들어 들쭉날쭉한 여름 계절풍 때문입니다. 계절풍은 아삼 지방을 넘어 인도 전역의

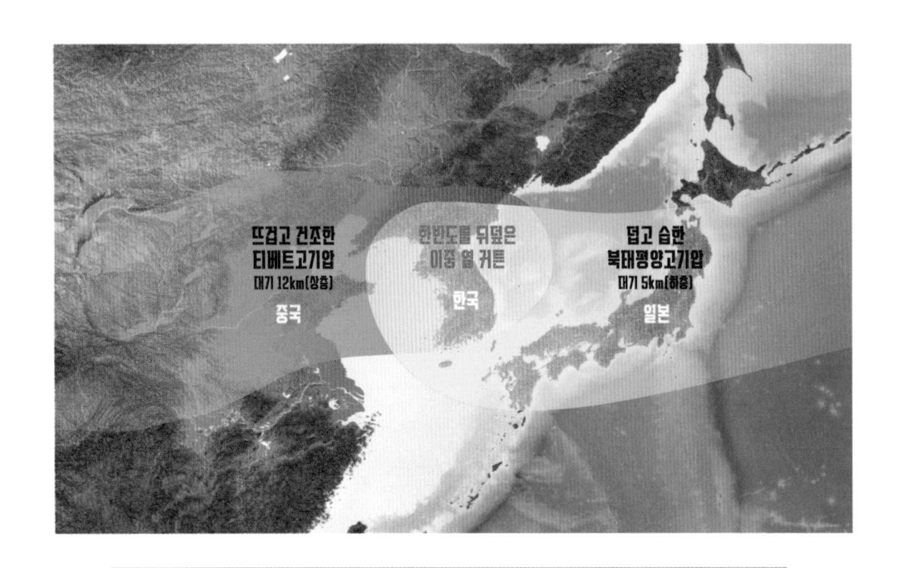

2024년 여름, 장마가 끝나고 오랫동안 이어진 폭염은 5km 이내의 하층 대기를 지배하는 덥고 습한 북태평양고기압과 10km 내외의 대기 상층을 덮은 뜨겁고 건조한 티베트고기압의 이중 열 커튼 현상으로 나타났다.

경제 상황에 큰 영향력을 행사합니다. 비는 인간을 비롯한 모든 생명의 활동과 직접 연관되어 있기 때문이지요. 아삼 지방의 주요 경제 활동은 차 재배이기 때문에 계절풍의 지배력이 더욱 강력합니다. 가령 기후변화로 인도양과 벵골만의 수온이 오르면, 더욱 강력한 계절풍이 찾아와 예상을 뛰어넘는 비를 내릴 것이고, 그 반대라면 비의 양이 눈에 띄게 줄어들 수 있어요. 오랜 시간 농사를 일군 농부는 어느 장단에 맞춰 춤을 춰야 할지 알 수 없는 상황이 연출되는 거예요. 이러한 변화는 최근 계절풍과 마찬가지로 들쭉날쭉한 차 생산량에서도 확인할 수 있습니다. 티베트고원의 기온 상승과 계절풍의 불규칙한 주기는 오랫동안 이어져 온 줄기러기의 이동에도 부정적인 영향을 줄 것이 분명합니다.

ZOOM IN 히말라야산맥을 둘러싼 지정학적 분쟁

인도 북부의 분쟁 지역 지도

달라이 라마는 티베트의 종교 지도자이자 국가의 실질 통치자입니다. 지금의 14대 달라이 라마인 텐진 갸초는 무력을 앞세운 중국 정부가 들이닥치자 1959년 인도로 망명해 비폭력 투쟁을 이어가고 있어요. 달라이 라마가 망명 정부를 이끄는 곳은 히말라야산맥에 기댄 히마찰프라데시의 산간 마을 다람살라예요.

인도 북서부에 히마찰프라데시가 있다면 북동부에는 아루나찰프라데시가 있습니다. 1912년 청나라의 멸망 후 독립을 꿈꾸던 티베트는 당시 인도를 식민 지배 중이던 영국, 중국과 3자 회의를 열어 국경선 문제를 논했어요. 영국령 인도 식민 정부의 외교관이던 헨리 맥마흔은 티베트 정부와 인도의 부분적 합의를 얻어 부탄 동쪽의 국경선을 지금과 같이 그었어요. 중국은 이에 서명하지 않았지만, 이른바 '맥마흔라인'으로 불리는 이 경계선은 아루나찰프라데시 지역을 오늘날 인도령으로 두는 계기가 됐지요.

티베트를 독립국으로 인정하지 않던 중국은 1950년 결국 티베트왕국을 무력으로 점거했어요. 당시 망명한 달라이 라마를 받아 준 인도는 중국과의 관계에 문제가 생겼고, 그로 인해 영국 식민 지배의 잔불이 남은 아루나찰프라데시는 분쟁에 휘말렸습니다. 구글 지도를 보면 아루나찰프라데시는 실선이 아닌 점선으로 그어져 있어요. 점선은 국경 분쟁이 뜨거워 아직 국경선이 확정되지 않은 지역에 사용합니다.

히말라야산맥에서 벌어지는 인도와 중국의 국경선 갈등은 아루나찰프라데시로 끝나지 않습니다. 히마찰프라데시를 따라 북서쪽으로 이어진 악사이친 지역은 아루나찰프라데시와는 반대로 중국령이에요. 이곳은 1962년 중국이 무력으로 점령한 후 실질적으로 지배하고 있어요. 악사이친 지역은 신장위구르 지역과 티베트 지역을 관리할 수 있는 전략적 요충지입니다. 또한 중국이 인도양을 통해 서남아시아, 아프리카 대륙으로 진출할 수 있는 교두보이기도 해요. 중국이 악사이친을 포기하지 않는 것은 이러한 지정학적 가치 때문이랍니다.

세계가 탐내는 바다의 길목

믈라카해협

인도차이나반도는 인도와 중국 사이에 자리한 반도입니다. 우리가 흔히 동남아시아라고 부르는 곳 대부분이 이곳에 있지요. 중국, 인도와 같은 문화·경제 대국 사이라는 지정학적 조건과 바다에 둘러싸인 반도라는 지리적 조건의 영향으로 인도차이나반도는 매우 독특한 공간을 만들어 왔습니다.

인도차이나반도의 지정학 및 지리적 특징을 가장 흥미롭게 읽을 수 있는 공간이 바로 믈라카해협이에요. 믈라카해협은 말레이반도와 인도네시아 수마트라섬 사이의 좁은 바닷길입니다. 믈라카해협의 길이는 약 1,000km로 길지만, 가장 짧은 폭은 3km 정도밖에 되지 않아요. 벵골만과 남중국해처럼 넓은 바다를 잇는 믈라카해협은 역설적으로 좁아서 매력적입니다. 좁은 길목은 육지든 바다든 병목 현상을 일으켜 오가는 사람, 물자, 문화를 뒤섞는 역할을 하기 때문이에요. 좁디좁은 바닷길인 믈라카해협은 그래서 세계사적으로 남다른 의미를 지녀 왔습니다.

믈라카해협의 이러한 면모는 세계지도를 보면 더 확실히 알 수 있어요. 아메리카 대륙을 제외한 세계지도에서 믈라카해협의 위치는 배꼽에 해당합니다. 믈라카해협은 유럽, 아프리카, 서남 및 남부 아시아와 동남 및 동아시아, 오세아니아를 잇습니다. 술래잡기 놀이인 '8자 놀이'에서 술래가 지키는 길목에 해당하는 자리라 할 수 있어요. 술래는 길목을 오가는 친구를 잡고 놓치고 함께 뒹굴며 다양한 추억거리를 만들지요. 세계에서 손에 꼽는 길목, 믈라카해협도 마찬가지로 풍성한 서사를 간직하고 있답니다.

믈라카해협의 탄생

믈라카(Melaka)는 말레이시아 남부의 도시로, 믈라카해협을 바라보고 있습니다. '믈라카'라는 지명의 유래는 일대의 나무 이름에서 왔다는 설, 상인 모임이라는 뜻의 아랍어 '말라카트'에서 왔다는 설 등 여러 가지예요. 지리적 관점에서 이름보다 더 관심이 가는 것은 해협이 만들어진 과정입니다.

해협(海峽)은 한자어 그대로 풀이하면 '바다의 골짜기'라는 뜻이에요. 골짜기는 산의 능선과 능선 사이, 그러니까 높은 곳과 높은 곳 사이의 낮은 공간이에요. 그 골짜기에 바닷물이 들어와 좁은 물길을 만들면 해협이 됩니다. 믈라카해협도 그렇게 만들어졌을까요?

위성 지도를 펼쳐 봅시다. 바다가 짙은 청색이면 수심이 깊고, 옅은 하늘색이면 수심이 얕다는 뜻입니다. 말레이반도와 수마트라섬 사이의 믈라카해협은 옅은 하늘색이니 수심이 얕은 바다라는 사실을 알 수 있어요. 조사 결과 믈라카해협의 입구부터 싱가포르 일대까지의 수심은 가장 깊은 곳이 100m 내외이고 대부분 지역이 40m 정도로 얕았습니다.

인도양에서 남중국해로 진입하는 믈라카해협의 모양은 깔때기처럼 생겼어요. 인도양에 가까운 바다에서 해협의 끝자락에

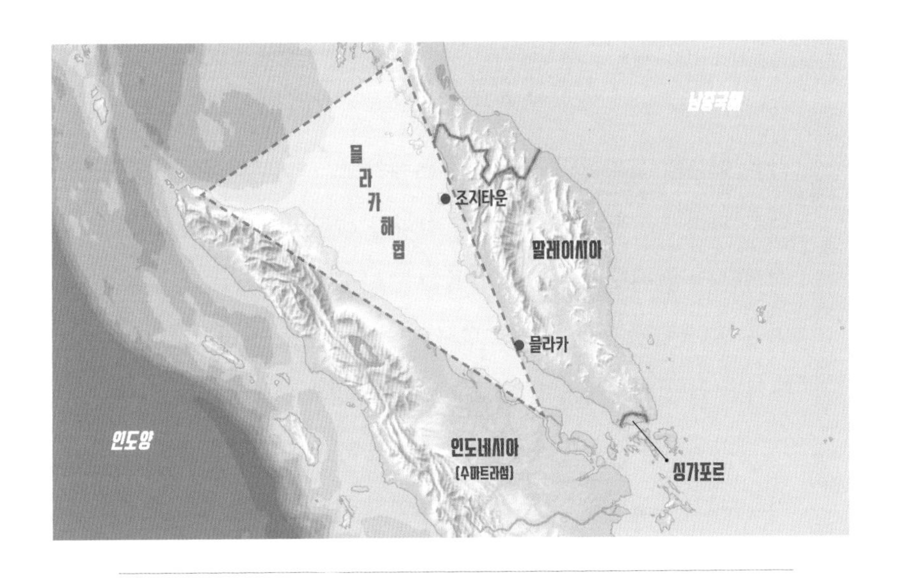

믈라카해협은 인도네시아 수마트라섬과 말레이반도 사이의 좁은 바다다.

있는 싱가포르까지 점점 폭이 좁아지지요. 깔때기에 들어찬 물을 모두 걷어내면 어떨까요? 그러면 울퉁불퉁한 골짜기가 모습을 드러내며 해협이 아닌 지협(地峽)을 볼 수 있습니다. 맞아요. 믈라카해협은 원래 땅이었어요. 정확히 말하자면 마지막 빙기인 뷔름빙기 땐 육지였습니다. 빙기 이후 서서히 해수면이 오르면서 믈라카 일대의 골짜기에 바닷물이 차올라 해협이 된 거예요. 이렇게 보니 믈라카해협은 동아시아의 황해(黃海)와 탄생 과정이 같습니다. 차이가 있다면 규모와 형태뿐이에요.

해협에 담긴 인간의 이야기

작은 어촌에 불과했던 믈라카는 15세기 초 수마트라섬에서 건너온 파라메스와라(Parameswara)가 믈라카 술탄국을 세우면서 본격적인 성장 궤도에 올랐습니다. 그는 이곳이 해상 교통의 요지임을 알아채고 왕국의 핵심 항구로 낙점했어요. 믈라카해협을 통하면 금방 인도에 닿을 수 있기에, 인도양과 남중국해를 오가는 배가 수마트라섬을 빙 돌아가는 일은 무척 어리석은 행위였어요. 교통이 발달한 요즘은 경유 노선의 운임 비용을 깎아 주지만, 그 시절 믈라카해협이라는 직항 노선을 외면한 배는 시간은 물론이고 금전적 손해까지 감수해야 했지요.

믈라카해협이 세계사의 전면에 등장한 시기는 유럽의 대항해시대 이후입니다. 믈라카 술탄국이 자리를 잡아 갈 즈음, 유럽의 여러 나라가 신대륙과 향신료를 찾아 대항해시대를 열었어요. 15세기 말, 포르투갈의 바스쿠 다 가마가 아프리카 대륙 남쪽 끝 희망봉을 돌아 인도의 캘리컷(오늘날의 코지코드)에 도착했습니다. 이후 해협의 중요성을 간파한 포르투갈은 함대를 동원해 발 빠르게 믈라카를 점령했어요. 포르투갈이 해협 지배의 물꼬를 트자, 믈라카는 힘의 논리에 따라 차례로 네덜란드와 영국의 손아귀에 들어갔어요.

믈라카를 지배한 유럽 세력은 기존 믈라카 술탄국의 이슬람 문화에 크리스트교 문화를 덧입혔습니다. 포르투갈은 가톨릭, 네덜란드와 영국은 개신교 문화 양식을 각각 믈라카에 들여왔고, 이는 믈라카와 조지타운 같은 항구 도시에 성당과 교회, 모스크가 한데 어우러지는 계기가 되었지요.

실제로 믈라카해협의 여러 항구 도시는 말레이반도, 인도, 중국, 지중해와 일본에서 건너 온 배로 인산인해를 이뤘습니다. 항구마다 마련된 시장에서는 다양한 언어를 구사하는 사람이 왁자지껄 흥정을 이어갔지요. 시장에서는 세계 곳곳의 다채로운 물건들이 거래되었어요. 아라비아에서 온 아편, 베네치아에서 온 모직물과 유리, 중국에서 온 자기와 비단, 인도네시아 끄트머리의 말루쿠제도에서 온 향신료 등 온갖 상품이 넘쳐났지요.

믈라카해협의 여러 도시 가운데 믈라카와 조지타운은 2008년 유네스코 세계문화유산으로 선정되며 가치를 인정받았어요. 두 도시에 가면 잘 보존된 아시아와 유럽의 건물, 교회, 광장, 요새 등을 한데 모아 구경할 수 있습니다. 말레이시아 국왕이 믈라카 해상에 지은 아름다운 모스크도 눈길을 끕니다. 다양한 문화가 모이고 흩어진 믈라카지만, 현재 이곳을 지배하는 것은 말레이시아 국왕을 중심으로 한 이슬람교라는 사실을 잘 보여 주는 건축물이지요.

믈라카의 해상 모스크(위)와 네덜란드 광장(아래) 전경. 믈라카해협의 도시는
오랜 기간 여러 나라의 지배를 받아 다양한 문화 경관이 혼합되어 나타난다.
식민 역사의 경관을 간직한 믈라카와 조지타운은 유네스코 세계문화유산이기도 하다.

믈라카해협의 지경학적 수혜자, 싱가포르

지리적으로나 역사적으로나 믈라카해협은 아시아에서 가장 중요한 수로입니다. 믈라카해협은 작게 보면 벵골만과 남중국해를 연결하지만, 대양의 관점에선 인도양과 태평양을 잇습니다. 그래서 동서로 오가는 물동량이 예나 지금이나 압도적으로 많아요. 믈라카해협의 여러 항구 도시, 이를테면 싱가포르, 믈라카, 조지타운이 속한 페낭 등은 지리적 이점을 토대로 막대한 성장을 이뤄 왔어요. 1,000년가량 이어진 믈라카해협의 지리적 이점은 흥미롭게도 나날이 커지는 모양새입니다.

해상 무역은 세계화 시대를 지탱하는 알찬 근육입니다. 오늘날 생활에서 마주하는 공산품 대부분은 한 나라에서 부품 생산부터 조립까지 모든 것을 감당할 수 없어요. 그래서 세계 각지에서 생산된 부품을 한곳에 모아 완제품을 만드는 구조가 되었습니다. 현대인의 필수품인 스마트폰도 그렇고 자동차도 마찬가지예요. 부품만 해도 수천에서 수만 개에 이르는 제품이 여러 국가의 손길을 거쳐야 하니, 부품을 실어 나르는 일을 잘하는 국가와 기업이 잘나갈 수밖에 없어요. 공급망을 잘 갖추는 게 무엇보다 중요한 시대가 되다 보니, 세계의 바다는 이 순간에도 각국의 항만을 오가는 배로 분주합니다. 믈라카해협은 말할 것도 없지요.

믈라카해협의 압도적 존재감은 싱가포르를 통해 엿볼 수 있습니다. 싱가포르는 말레이반도 끝자락에 있는 섬이자 도시 국가입니다. 큰 도시가 곧 국가라서 나라 이름과 수도가 같아요. 사실 서구 열강은 믈라카, 페낭 등을 선점할 때 싱가포르를 염두에 두긴 했어요. 하지만 야트막한 언덕과 질척한 퇴적물이 뒤섞인 싱가포르의 국토는 이용하기가 불편했고 개발하기에도 부담스러웠지요.

하지만 진흙에서도 두 눈을 부릅뜨면 진주를 찾을 수 있는 법. 믈라카가 포르투갈에 점령된 지 300년이 지난 19세기 초, 드디어 싱가포르의 잠재력을 알아본 이가 있었으니, 바로 영국 동인도회사 소속의 토머스 스탬퍼드 래플스 경입니다.

그는 남중국해에서 인도양을 향해 가는 배를 믈라카해협의 입구에서 맞이하는 싱가포르의 청사진을 그렸어요. 깔때기의 좁은 입구이니 잘만 다듬으면 세계적인 무역 거점으로 키울 수 있으리라는 심산이었지요. 그의 판단은 옳았습니다. 싱가포르는 식민 지배가 끝난 이후에도 중계무역항으로 성장에 성장을 거듭했어요. 싱가포르는 국부(國父)로 불리는 리콴유 수상의 강력한 정책으로 아시아 지역의 무역, 금융, 관광 등 신산업의 중심지로 발돋움했습니다. 2023년 기준, 싱가포르의 1인당 국민총소득은 8만 4,500달러에 이릅니다(참고로 대한민국은 3만 3,745달러입니다).

세계 중계무역의 중심지인 싱가포르 마리나만의 전경

싱가포르라는 옥석이 다듬어지는 데는 지리적 조건도 한몫했어요. 싱가포르는 국토 중앙에 있는 낮은 암반대를 제외하면 대부분 퇴적암 저지대와 퇴적 지형으로 구성됩니다. 이 둘은 상대적으로 간척하기가 쉬워요. 그 덕에 한때 서울보다 작았던 싱가포르의 면적은 2015년 기준, 서울을 넘어섰습니다. 싱가포르는 앞으로도 꾸준한 간척으로 국토를 넓히는 데 재정을 투입할 예정이에요. 작은 도시 국가다 보니 간척에 쓰일 골재를 이웃 나라에서 수입하는 실정이지만, 믈라카해협의 요지에 있는 지리적 이점 덕에 간척에 드는 자금을 마련하는 문제는 어렵지 않게 해결하고 있지요.

바다 물류의 뜨거운 감자, 믈라카해협

도서관이든 스터디 카페든 좋은 자리는 늘 경쟁이 나지요. 믈라카해협도 그렇습니다. 믈라카해협은 힘깨나 쓴다는 나라라면 모두 탐내는 자리여서 예나 지금이나 자리싸움이 치열합니다. 여기서 자리싸움은 전쟁을 통한 물리적 충돌이 아닌 외교를 통한 지정학적 수 싸움을 뜻해요.

오늘날 믈라카해협을 자극하는 첫 번째 요인은 아무래도 석유입니다. 그 일대가 석유 시장을 좌지우지할 정도로 원유 생산량이 많은 것은 아니에요. 문제는 믈라카해협이 중동산 원유가 이동하는 길목이라는 데 있습니다.

세계 최대의 생산량을 자랑하는 중동산 원유는 크게 두 줄기로 나뉘어 수많은 나라로 향합니다. 한 줄기는 수에즈운하를 통해 유럽으로, 다른 줄기는 믈라카해협을 통해 동아시아로 이동하는 흐름이에요. 대한민국·중국·일본이 있는 동아시아는 오늘날 세계 경제에서 차지하는 비중이 아주 크고, 모두 세계적인 원유 수입국입니다. 만약 이들 국가의 원유 수급에 차질이 생기면 천문학적 경제 손실을 입는 건 불을 보듯 뻔하지요.

플라카해협은 원유뿐만 아니나 유럽과 아시아, 나아가 아메리카와의 교역 경로이기도 합니다. 해상 교역의 십자로에 있는 플라카해협은 경제의 세계화가 활발한 현대 사회에서 무척 중요한 위치입니다. 그래서일까요? 역설적으로 플라카해협은 세계에서 해적의 피해가 가장 큰 공간이라는 오명을 입었어요.

해양수산부의 보고서에 따르면 2019~2023년 사이 전 세계 해적 사건의 절반 가까이가 아시아에서 발생했습니다. 2023년 한 해 동안의 아시아 해적 사건 중 약 50%는 싱가포르해협에서 일어났고, 인도네시아에서도 높은 빈도로 발생했어요. 말레이시아는 예전보다 많이 줄었지만, 여전히 해적의 위협이 남아 있습니다. 싱가포르, 인도네시아, 말레이시아 등은 모두 플라카해협을 공유하는 국가라는 공통점이 있습니다.

플라카해협에서 발생한 해적 사건은 최근 5년간 계속 증가하고 있어요. 무장한 해적은 좁은 해협을 느리게 통과하는 선박에 몰래 올라타 물품을 훔쳐 가지요. 해적이 플라카해협에 집중적으로 출현하는 원인은 해상 교역의 길목이기 때문이에요. 플라카해협의 긴장은 한반도를 비롯한 동아시아의 긴장으로 이어집니다. 분단으로 섬과 다름없는 우리나라는 해상 무역에 크게 의

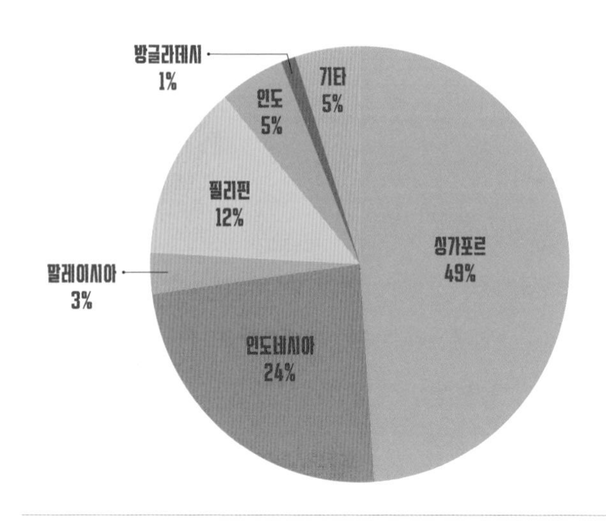

2023년 아시아 해역 해적 사건 현황(자료: 해양수산부, 2024)

존하기 때문에 더욱 긴장할 수밖에 없습니다.

믈라카해협의 사정이 이렇다 보니 미국이나 영국 등 군사력이 강한 나라들은 이곳에 관심이 많아요. 믈라카해협을 관장하는 나라가 동서양의 물류를 장악할 수 있기 때문입니다. 과거 제국주의 일본이 하와이의 진주만을 공격한 사건도 미국이 믈라카해협을 통제해 일본으로 가는 석유 공급을 차단한 것이 발단이었습니다. 궁지에 몰린 쥐가 고양이를 문다는 말이 꼭 맞는 상황이지요.

세계의 질서는 여전히 약육강식의 논리가 지배합니다. 오늘날 그 힘의 논리로 좌지우지되는 게 바로 물류예요. 21세기에는 세계의 어떤 나라도 혼자서는 살 수 없습니다. 물류의 공급망은 나날이 복잡하고 첨예해지고 있어요. 그 중심에 믈라카해협이 있고, 이곳에 미국, 영국 등 힘센 나라의 군대가 주둔한 까닭입니다.

믈라카해협을 위협하는 것들

'믈라카 딜레마(Malacca dilemma)'라는 표현이 있습니다. 세계 초강대국인 미국의 대항마로 꼽히는 중국의 사정을 나타내는 표현이에요. 중국은 전체 석유 소비량의 약 80%를 믈라카해협을 통해 수입해요. 그런데 믈라카해협은 미국이 싱가포르에 항공모함을 주둔시키는 등 군사력을 동원해 꾸준히 관리해 온 곳입니다. 중국에게는 미국이 어느 때든 석유와 물류를 빌미로 괴롭히려 든다면, 속수무책으로 백기 투항을 해야 하는 불안 요소가 있는 셈이지요.

크라운하는 중국이 믈라카 딜레마를 벗어날 방법으로 첫손에 꼽은 프로젝트입니다. 크라운하는 1677년 태국에서 먼저 추진한 이후 여러 차례 시행하려 했지만 오늘날까지 추진하지 못하고 있습니다. 하지만 믈라카 딜레마를 벗어나려는 중국은 크라

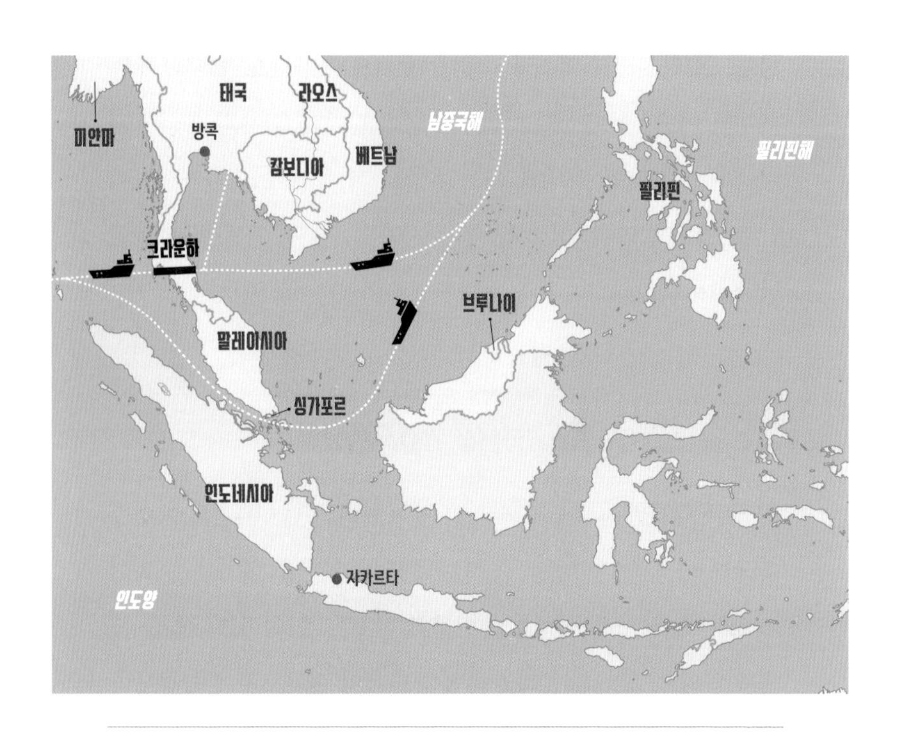

크라운하 계획도. 17세기의 건설 시도는 기술력의 한계로 실패했다.
오늘날에는 기술적 한계는 없지만, 막대한 건설 및 유지 보수 비용의 문제로 현실화하지 못하고 있다.

운하에 관한 관심의 끈을 여전히 쥐고 있어요.

만약 크라운하가 조성되면 믈라카해협과 싱가포르를 통하지 않고 인도양과 남중국해를 이을 수 있습니다. 크라운하를 통하면 믈라카해협보다 거리는 1,000km 이상, 시간은 이틀 정도 단축할 수 있어요. 그러니 크라운하가 만들어지면 믈라카해협과 싱가포르의 지정학 및 지경학적 위상은 낮아질 수밖에 없지요. 이 때문에 미국과 싱가포르의 강력한 반대와 견제가 여전하지만 중국이 뚜렷한 해법을 찾지 못할 경우, 크라운하라는 선택지는 꽤 오랫동안 고려될 가능성이 큽니다.

크라운하의 건설 외에 믈라카해협의 위상을 위협하는 것은 잦은 충돌 사고입니다. 육상 교통이 아닌 망망대해에서의 해상 사고가 얼마나 있겠냐고 생각한다면 오산이에요. 믈라카해협은 좁은 데다가 일 년에 5만여 척의 배가 이동하는 공간입니다. 특히 믈라카해협의 맹주인 싱가포르 항만 주변에는 수백 척의 배가 몰려드는 일이 잦아 충돌 사고의 위험이 늘 있지요. 선박이 충돌하면 기름이 유출되는 경우가 잦아서 해상 사고는 해양 오염과도 불가분의 관계입니다. 일각에서 믈라카해협의 대안을 얼른 마련해야 한다는 목소리가 힘을 얻는 까닭이기도 해요. 그럼에도 믈라카해협은 오랜 시간 유지해 온 해상 물류 거점으로서의 위상을 쉬이 잃을 것 같지 않습니다. 언제든 변할 수 있는 지정학 및 지경학적 변수와 달리 해협이라는 지리적 조건은 변할 수 없는 상수이기 때문이에요.

ZOOM IN

수에즈운하 사고가 알려 주는 것

수에즈운하에 좌초된 에버기븐호

2021년 지중해와 홍해를 잇는 이집트 수에즈운하를 한 선박이 가로막는 일이 발생했어요. 사고를 일으킨 에버기븐호는 길이가 무려 400m에 이르는 초대형 컨테이너 선박이에요. 당시 수에즈운하를 통과하던 에버기븐호가 좌초되며 수에즈운하의 길목이 차단됐습니다. 대형 선박이 좁은 수로를 완전히 막아선 꼴이라 우회할 수도 없었어요. 이에 따라 수백 척의 배가 운하 주변에 멈춰 서는 일이 생겼고, 그로 인해 국제 물류에 큰 차질을 빚었습니다.

수에즈운하는 유럽의 지중해와 아프리카의 홍해를 잇습니다. 홍해를 통과하면 바로 인도양이라서 아시아와 교역하는 해상 교통의 요지입니다. 수에즈운하는 믈라카해협처럼 자연적으로 만들어지지 않았어요. 오랜 시간 많은 돈과 인력을 들여 만들었지만, 운하의 필요성에 의문을 제기하는 사람은 없었지요. 수에즈운하가 없다면 아프리카 대륙 전체를 돌아야 인도양으로 들어올 수 있었기 때문이에요. 수에즈운하는 인간이 놓은 바닷길이라 매우 좁아요. 믈라카해협은 그래도 자연이 만든 바닷길이라 수에즈운하보다는 폭이 넓고 소통이 수월하지요.

수에즈운하는 믈라카해협에 버금가는 요지 중의 요지여서 마찬가지로 사고가 잦고 해적이 들끓습니다. 2011년 대한민국의 청해부대가 펼쳤던 아덴만 여명작전은 홍해 끝자락에서 우리 선박이 맞닥뜨린 소말리아 해적을 소탕하는 일이었지요. 또한 수에즈운하와 가까운 중동 지역의 정세에 따라 수에즈운하를 통하지 않고 아프리카의 희망봉을 도는 경우도 심심치 않게 벌어집니다. 시간과 비용에서 막대한 손해를 보는 일이지만 무력 충돌로 선박이 좌초되는 것보다 낫다는 판단에서지요. 자연이 만든 믈라카해협이든 인간이 만든 수에즈운하든 좁고 민감한 길목에는 늘 긴장감이 돕니다.

0°

5°

10°

15°

20°

자원 대국 오스트레일리아의
반전 매력

그레이트디바이딩산맥

동서고금을 막론하고 이름은 다양한 맥락을 담고 있어요. 누군가의 이름에 담긴 좋은 뜻처럼, 땅의 이름에도 그곳의 공간적 의미가 담긴 경우가 많습니다. 듣는 순간 맥락을 짚을 수 있기도 하지요. 오스트레일리아의 그레이트디바이딩산맥이 그렇습니다. '거대한'이라는 뜻의 그레이트(great)와 '나누기'라는 뜻의 디바이딩(dividing)이 만났으니, 무언가를 크게 나눴다는 맥락이 곧장 와닿습니다.

무엇을 크게 나눴는지는 위성 지도를 보면 쉽게 알 수 있어요. 오스트레일리아의 동쪽 끄트머리 쪽 위에서 아래로 길게 늘어진 산줄기가 마치 땅을 두 덩어리로 나누는 느낌을 주기 때문이지요.

그레이트디바이딩산맥은 '한 국가의 국경선 안에서 가장 긴 산줄기'라는 지위를 보유하고 있습니다. 이는 그레이트디바이딩산맥이 산줄기를 사이에 둔 두 공간의 경계로서 기능할 수 있다는 뜻이기도 해요. 실제로 그레이트디바이딩산맥은 눈에 보이는 경계로서 '거대한 나누기'를 통해 인간 생활에 지대한 영향을 주었습니다. 이번 장은 오스트레일리아에 아로새겨진 그레이트디바이딩산맥에 관한 이야기예요. 시작은 '위대한(great) 탄생'부터입니다.

꽤 오래전에 만들어진 그레이트디바이딩산맥

그레이트디바이딩산맥은 오스트레일리아 동북쪽에 뾰족하게 튀어나온 케이프요크반도에서 시작해 약 3,500km를 달려 그램피언스 지역의 위머라 평원에서 끝납니다. 산줄기의 길이는 매우 길지만, 최고봉의 높이가 2,228m로 낮은 것이 특징이에요.

최고봉의 높이가 낮은 까닭은 그레이트디바이딩산맥이 고기 습곡 산지이기 때문입니다. 고기(古期)는 시기상 오래되었음을 뜻하고, 습곡(褶曲)은 물결 모양으로 주름이 잡혔다는 뜻이지요. 거대한 땅이 주름져 만들어진 습곡 산지는 길고 연속적인 산줄기로 발달하는 경우가 많습니다.

땅이 수평 방향으로 힘을 받으면 끊어지거나 휘게 됩니다. 습곡은 이 중 후자에 해당해요. 땅이 휘려면 아무래도 물러야 하지요. 단단하게 굳은 땅은 휘기보다는 끊어질 확률이 높습니다. 같은 엿이라도 무른 엿은 휘고, 굳은 엿은 끊어지게 마련이니까요. 이를 통해 그레이트디바이딩산맥은 과거에 무른 땅이 큰 힘을 받아 높고 웅장하게 솟았다는 사실을 알 수 있습니다.

그런데 이렇게 땅이 휘어져(습곡) 주름진 산지를 형성한 것은 아주 오래전(고기)이에요. 그레이트디바이딩산맥은 역동적인 청춘을 보내고 노년을 맞은 사람처럼, 산세가 주는 느낌이 안정적이지요. 한때 높고 웅장한 산세를 자랑했던 산맥은 세월의 흐름 속에 자연스럽게 깎이고 닳아 지금의 모습이 되었습니다.

혹시 그레이트디바이딩산맥이 웅장했던 청춘 시절로 되돌아갈 수도 있을까요? 땅의 문법으로 보자면 불가능합니다. 다시 높은 산세를 가지려면 땅의 힘이 강하게 전달되는 판과 판의 경계와 가까워야 하는데, 그레이트디바이딩산맥은 이미 경계로부터 큰 걸음으로 물러나 있기 때문이에요.

그레이트디바이딩산맥의 옛 위용은 오늘날 뉴질랜드의 서던알프스산맥이 이어받아 위풍당당한 산세를 한껏 뽐내고 있습니다. 부모 세대에서 자식 세대로 시간이 넘어가듯, 무생물인 땅도 산맥도 그렇게 세월에 피고 집니다. 그런 면에서 화려하게 핀 서던알프스산맥 또한 언젠가는 지는 꽃과 같아요.

그레이트디바이딩산맥과 경계의 마술

오랜 세월에 몸을 낮추었지만, 그레이트디바이딩산맥은 여전히 경계로 충실히 기능하고 있습니다. 이를 가장 잘 확인할 수 있는 것은 산맥이 만든 기후의 다양성이에요. 오스트레일리아의 위성사진을 펼쳐 볼까요? 오스트레일리아의 동쪽 지역이 크게 두 색깔로 나뉘었습니다. 하나는 황색 계열의 지역, 다른 하나는 녹색

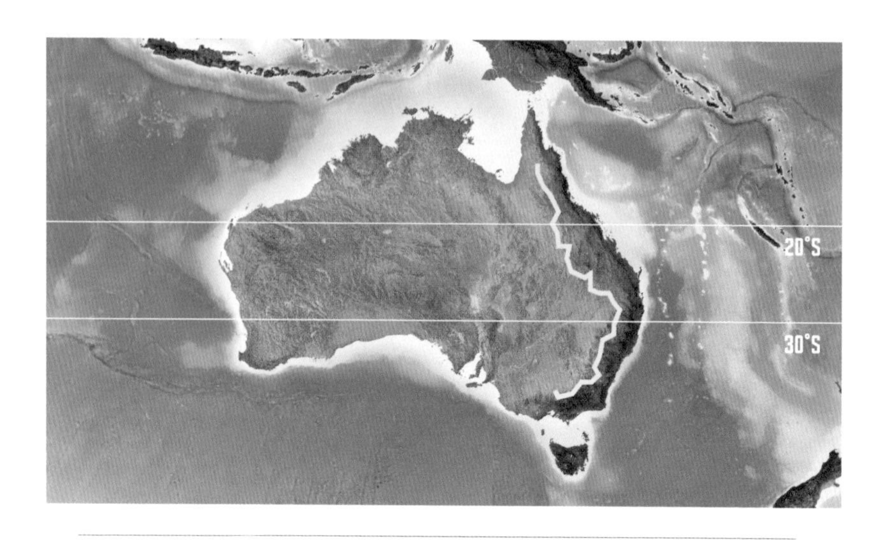

그레이트디바이딩산맥은 오스트레일리아의 동부를 남북으로 관통하는 긴 산맥이다. 열대기후가 나타나는 곳, 지형성 강수가 일어나는 곳을 따라 숲이 우거져 마치 사람이 만든 것처럼 녹색 띠를 이룬다.

계열의 지역이에요. 전자는 비가 거의 내리지 않는 건조 지역이고 후자는 비의 양이 충분해 녹음이 짙은 습윤 지역입니다. 두 지역의 경계를 이으면 그레이트디바이딩산맥이 그려져요. 산맥의 동쪽으로는 습윤 지역, 서쪽으로는 건조 지역이 형성된 것이지요. 두 지역이 이렇게 뚜렷하게 나뉘는 이유는 무엇일까요?

오스트레일리아 국토의 허리는 대체로 남위 25° 내외를 지납니다. 남·북위 30° 부근은 아열대고압대의 영향권이에요. 이 지역은 하늘에서 땅 쪽으로 바람이 불어 내려오는 하강기류의 발달이 탁월해 비구름이 형성되기 어렵습니다. 비가 내리려면 강·바다·호수의 물이 증발해 하늘로 올라가는 상승기류를 타야 하는데, 그 반대의 경우이니 비가 아주 적게 오지요. 그래서 아열대고압대가 지배하는 지역은 사막인 경우가 많아요. 그레이트디바이딩산맥 서쪽으로 펼쳐진 그레이트샌디사막, 깁슨사막 등은 모두 아열대고압대의 영향으로 발달했습니다.

그러나 그레이트디바이딩산맥은 아열대고압대의 강력한 지배력을 지형성 강수라는 마술로 무력화했습니다. 남북으로 좁고 긴 그레이트디바이딩산맥의 동부 해안을 따라서는 아열대기후부터 온대습윤기후가 나타나지요. 이 지역은 바다에서 불어온 습한 바람이 지형성 강수를 일으켜 비가 내리는 경우가 많습니다. 만약 그레이트디바이딩산맥이 동서 방향으로 발달했다면, 비가 내리는 지역이 지금보다 좁았을 거예요.

오스트레일리아의 첫 사람들

오스트레일리아에 사람이 첫발을 들인 건 약 4~7만 년 전으로 추정됩니다. 이들을 오스트레일리아 원주민(애버리지니)이라고 불러요. 이들은 동남아시아 일대에서 뗏목을 타고 오스트레일리아로 이주했다고 알려져 있습니다. 그래서 초창기에는 지금의 포트다윈 일대, 오스트레일리아와 파푸아뉴기니 사이의 토러스해협 일대에 넓게 퍼져 살았어요. 이후 그들은 물을 구할 수 있는 곳을 따라 거주지를 넓혀 나갔지요. 그레이트디바이딩산맥을 따라 해안 지역에, 그리고 산맥 너머 머리강과 달링강 유역에 오스트레일리아 원주민 문화가 꽃핀 이유입니다.

오스트레일리아 원주민은 지리적 조건에 따라 다양한 문화와 생활양식을 만들었습니다. 원주민의 생활 범위는 국토 전역에 걸쳐 있어서 지역마다 독특한 이야기를 만들었어요. 해안을 따라, 담수를 따라, 사막을 따라 써 내려간 그들의 이야기는 유럽과 아프리카 못지않게 다채롭습니다.

그중 우리에게 가장 친숙한 것은 오스트레일리아 원주민이 사냥 도구로 만든 부메랑입니다. 나무를 다듬어 만든 부메랑은 멀리까지 날아갈 수 있도록 정교하게 설계되었어요. 유럽으로 건너가 스포츠 도구로 쓰이고, 오늘날엔 세계 곳곳에서 부메랑 던지기나 묘기 대회가 열릴 정도로 큰 인기를 누리는 부메랑. 그 시작은 오스트레일리아 원주민의 남다른 사냥 기법이었습니다.

오스트레일리아 전역을 누비던 원주민은 유럽인이 등장하며 급격히 몰락했습니다. 1770년 제임스 쿡 선장이 오스트레일리아에 발을 내디딘 후 영국은 오스트레일리아 점령 카드를 만지작거렸어요. 영국의 죄수가 폭증하고, 그전까지 범죄자를 수용

오스트레일리아 원주민이 사용한 부메랑(왼쪽)은 주로 사냥 및 전투 용도였으며,
목표물에 박혀 돌아오지 않는 경우가 많았다. 일반적으로 알려진
되돌아오는 형태의 부메랑(오른쪽)은 놀이용, 스포츠용으로 사용된다.

하는 식민지였던 미국이 독립 전쟁을 일으키자 오스트레일리아 식민지 건설을 본격화했습니다. 1788년 아서 필립이 이끄는 선발대가 시드니를 기점으로 식민지 점령에 나섰고, 이후의 과정은 전광석화처럼 빨랐습니다. 순식간에 뉴사우스웨일스 지방까지 점령했지요.

영국의 식민 지배 과정은 당연히 자연스럽지 않았어요. 오스트레일리아 원주민은 때론 강력하게 저항했지만, 신문물을 앞세운 영국을 감당할 순 없었습니다. 총칼도 무시무시했지만 전염병도 그에 못지 않았지요. 원주민 수는 급격히 줄고 줄었으며, 살기 힘든 내륙의 건조 지역으로 내몰렸습니다.

오늘날 오스트레일리아 원주민의 삶은 어떻게 보면 예전보다 더 힘듭니다. 그들은 엄연히 선진국 오스트레일리아의 구성원이지만, 사회적 사각지대에 머물며 각종 질병과 생활고에 시달리고 있어요. 2019년 AP통신 기사에 따르면 원주민 청소년은 어른이 되기 위한 통과의례로 교도소에 수감된다고 말할 정도로 범죄율이 높습니다. 어떤 이들은 원주민 거주지보다 깨끗한 감옥을 더 선호한다고도 해요. 220여 년이 지난 지금도 식민 지배 시기의 탄압과 차별에서 벗어나지 못한 셈이지요. 이유야 여러 가지겠지만, 영국의 폭력적인 제국주의 지배와 식민주의는 이러한 사회 문제에서 면죄부를 받을 수는 없습니다.

경계에 자리 잡은 도시들

그레이트디바이딩산맥이 만든 마법과 같은 지형성 강수는 동부 해안에 사람을 모아 도시가 발달할 수 있도록 했어요. 18세기 말에 영국인이 본격적으로 이주하면서는 동남부 해안을 따라 식민 도시를 만들어 갔습니다. 이들 도시는 식민 지배 초창기엔 주로 영국의 죄인을 수용하는 공간으로 활용되었지만, 본국과 유사한 환경 조건 덕에 자연스러운 이민노 늘었어요. 오스트레일리아는 1942년 연방국으로 독립하면서 실질적인 지배에서

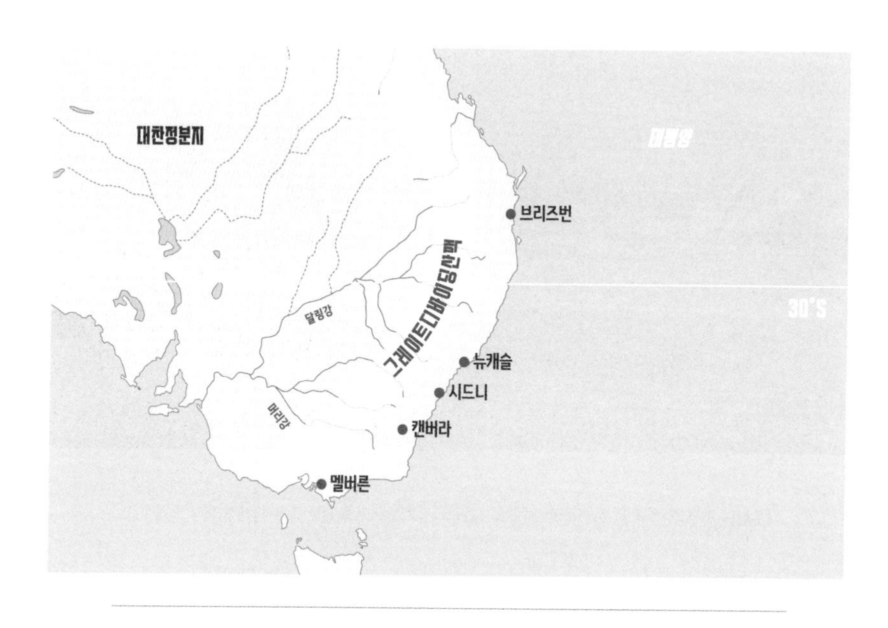

그레이트디바이딩산맥 동남부 해안은 온화하고 비가 잦아
수도 캔버라를 비롯해 시드니, 멜버른과 같은 대도시가 밀집해 있다.

벗어났지만, 대도시가 모두 그레이트디바이딩산맥의 동부 해안에 집중되는 공간적 불균형을 띠고 있지요.

오스트레일리아의 첫 번째 유럽형 식민 도시는 시드니입니다. 시드니는 1788년 아서 필립이 뉴사우스웨일스 식민지를 건설할 때 가장 먼저 낙점한 곳이기도 해요. 오늘날 시드니는 하버브리지와 오페라하우스 등 세계적인 구조물을 보유하고 있어 인지도가 높아요. 세계에서 가장 아름다운 항구 도시를 선정할

시드니의 전경. 왼쪽에 있는 건물이 오페라하우스다. 조개껍데기를 본뜬 지붕 형태가 아주 독특하다.

때 시드니가 빠지지 않고 거론되는 이유이지요. 시드니는 중국의 상하이, 인도의 뭄바이와 비슷한 도시입니다. 오스트레일리아의 경제와 금융을 대표하는 중심 도시이기 때문이에요.

빅토리아주의 멜버른도 그레이트디바이딩산맥의 동부 해안에 자리한 도시입니다. 멜버른은 2021년 기준, 부동의 1위였던 시드니를 밀어내고 인구가 가장 많은 수위(首位) 도시에 올랐어요. 멜버른의 도시화는 시드니보다 늦었지만, 19세기 중반 멜버른 일대의 금광을 향한 골드러시(새로 발견된 금 산지로 많은 사람이 몰리는 현상) 덕에 인구가 빠르게 늘었지요.

그러고 보니 시드니와 멜버른 사이에 있는 행정수도 캔버라의 위치가 절묘합니다. 캔버라는 오스트레일리아의 수위 도시를 두고 시드니와 멜버른이 심각하게 다투는 통에 만들어진 행정 중심 도시예요. 캔버라는 대한민국의 세종특별자치시, 미국의 워싱턴 D.C.처럼 행정부의 기능을 전담합니다. 퀸즐랜드주의 브리즈번과 골드코스트, 뉴사우스웨일스주의 뉴캐슬 역시 위도만 다를 뿐, 그레이트디바이딩산맥이라는 경계의 동쪽에 자리 잡은 대도시라는 공통점이 있습니다.

뉴캐슬을 키운 그레이트디바이딩산맥의 선물

그레이트디바이딩산맥은 오스트레일리아를 자원 대국으로 만든 일등 공신입니다. 고생대에 만들어진 습곡 산지에는 대개 석탄이 풍부하게 매장되어 있어요. 중국, 미국, 인도 등의 세계적인 석탄 산지는 모두 고기 습곡 산지 곁이지요. 우리나라의 대표적인 석탄 산지인 태백 일대도 그 뿌리는 고생대에 닿습니다.

석탄은 실은 높은 압력과 열로 탄화된 숲이에요. 숲에서 한 아름 땔감을 구해 불을 지피는 일과 석탄 몇 덩이를 이용해 불을 지피는 일의 본질은 같아요. 다만 증기기관의 발명 이후 석탄은 '검은 다이아몬드'라고 불리며 돈을 가져다주었어요. 돈이 있는 곳에 사람이 모였고, 사람이 모이면 도시가 형성되었지요. 그

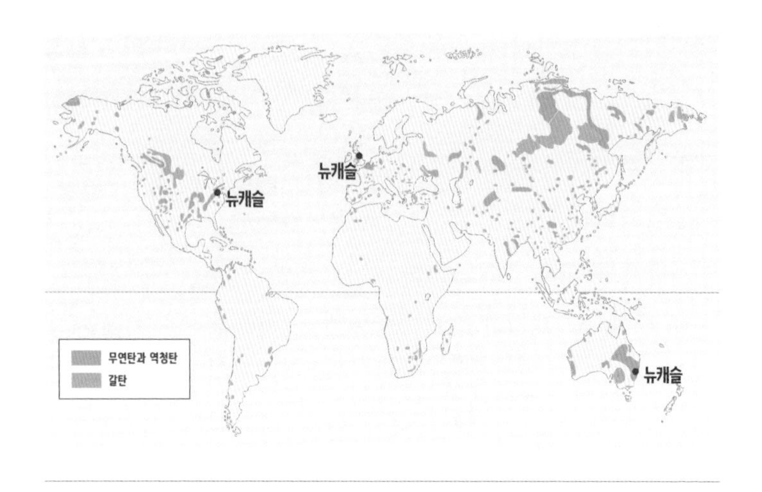

세계 석탄 매장지와 미국·영국·오스트레일리아의 뉴캐슬.
세 곳 모두 고기 습곡 산지 곁 석탄 매장지라는 특징이 있다.(자료: Encyclopedia Britannica)

레이트디바이딩산맥 동쪽 해안의 뉴캐슬이 바로 그런 경우입니다. 석탄 수출항으로 성장한 뉴캐슬은 오스트레일리아 석탄 산업의 호황을 상징하는 도시예요.

그런데 영국에도, 미국에도 똑같은 이름의 도시가 있습니다. 오스트레일리아의 뉴캐슬은 식민 모국인 영국의 뉴캐슬을 따른 것이고, 미국 동부에 자리한 공업 도시 뉴캐슬 역시 영국 이민자가 일군 도시이지요. 영국 잉글랜드 북부에 위치한 뉴캐슬 지명의 뿌리는 중세 시대로 거슬러 올라갑니다. 11세기에 방어를 목적으로 '새로 지은 성(new castle)'이 곧 지명이 되었지요. 영국의 뉴캐슬은 군사적 성격이 강한 도시였지만, 산업혁명 이후 석탄 산업이 번창하며 도시의 성격이 달라졌습니다. 석탄 덕분에 든든한 자본력을 갖춘 뉴캐슬은 대항해시대 및 서양 제국주의 팽창기와 맞물려 세계 곳곳에 아바타 도시를 만들었어요. 흥미롭게도 세 뉴캐슬은 지리적으로 고기 습곡 산지 곁의 산업도시라는 공통점이 있습니다.

오스트레일리아와 영국의 뉴캐슬은 각각 뉴캐슬 유나이티드 제츠 FC와 뉴캐슬 유나이티드 FC를 보유하고 있습니다. 더 늦게 만들어진 오스트레일리아의 축구단이 같은 이름을 피하려고 '제츠(Jets)'를 넣은 재치가 엿보입니다. 구단 휘장에 그려진 세 대의 전투기에서 '제츠'라는 이름이 일대의 군사 기지에서 따왔음을 어렵지 않게 유추할 수 있어요.

석탄의 전성기를 맞아 성장한 두 나라의 뉴캐슬은 탄탄한 자본력으로 프로 축구단을 꾸릴 수 있었는데, 2021년에 영국 뉴캐슬 구단의 지분 약 80%를 사우디아라비아 왕세자 무함마드 빈 살만이 매입했습니다. 영국 프리미어리그 최고의 구단 중 하나인 맨체스터 시티 FC 역시 석유 자본을 갖춘 아랍에미리트의 부통령 만수르 빈 자이드 알나하얀이 구단주입니다.

석유 시대가 열리며 에너지원의 왕위가 석탄에서 석유로 넘어갔지만, 그레이트디바이딩산맥에서 나는 석탄의 입지는 여전히 굳건합니다. 대한민국과 일본의 제철소가 철을 녹이는 데 사용하는 석탄(역청탄)은 대부분 오스트레일리아에서 수입해요.

그레이트디바이딩산맥이 준 또 다른 선물, 찬정

그레이트디바이딩산맥은 서부 건조 지역에도 물을 제공합니다. 지형성 강수가 아닌 지하수를 통해서지요. 비로 내려 땅 위를 흐르는 물이 지표수라면, 빗물이 땅 밑으로 스며 들어가 저장된 물은 지하수입니다. 비가 오는 모든 곳에 물이 저장되지는 않아요. 지하로 스며든 물이 도망가지 못하도록 가둘 수 있어야 지하수가 차곡차곡 쌓일 수 있지요.

그레이트디바이딩산맥 동부에 내린 빗물은 강을 따라 바다로 나가거나 지하로 스며드는데, 일대의 땅은 지하수를 잘 붙들어 매는 특징이 있습니다. 바로 사암층을 통해서입니다. 사암층은 모래가 굳어 만들어진 지층이에요. 모래는 알갱이 사이의 틈이 넓어 물을 잘 머금어요. 바닷가의 모래를 한 움큼 쥐면 주르륵 물이 흘러내리는 것을 떠올리면 이해하기 쉬워요. 넓게 퍼진 사암층 아래로는 물이 통과하기 힘든 불투수층이 있습니다. 그레이트디바이딩산맥 일대의 땅은 오래전부터 시루떡처럼 발달한 퇴적 지층이에요. 모래가 굳은 사암층과 물의 유출을 막는 불

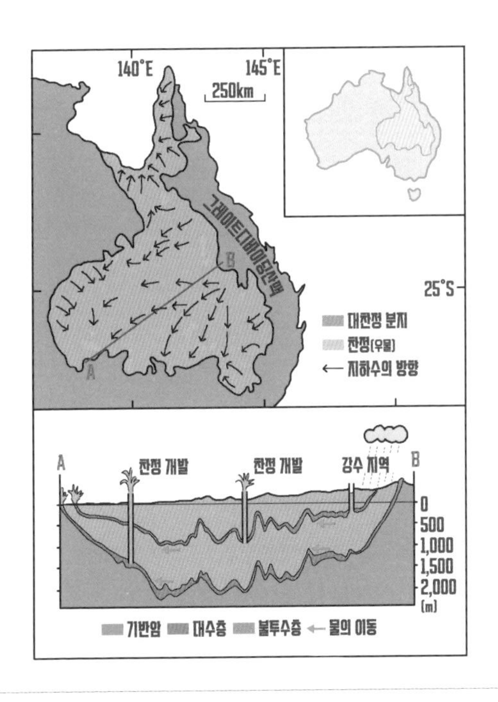

대찬정분지는 오스트레일리아 내륙의 유일한 물 공급처다.
이곳의 물은 과거 중생대 지층 중 주로 모래로 구성된 사암층에 보관되어 있으며,
그레이트디바이딩산맥의 바람받이 사면에 내리는 빗물로 보충된다.

투수층이 교대로 나타나지요. 불투수층 사이의 사암층에 가둬진 물은 서부 건조 지역에서 쉽게 뽑아 올릴 수 있습니다. 이러한 원리로 물을 뽑아내는 우물을 찬정(鑽井)이라고 해요.

그레이트디바이딩산맥의 서쪽으로는 지하수가 풍부해 찬정이 많이 개발되었어요. 찬정은 건조기후 지역의 축복과도 같은

존재지만, 아무래도 저장된 물을 뽑아 쓰는 구조라 고갈 위험이 큽니다. 넓은 땅에 비교적 적은 물로 운영할 수 있는 것으론 목장만 한 게 없지요. 특히 건조한 환경에 잘 적응하는 양을 키운다면 양모와 고기를 상품화할 수 있습니다. 오스트레일리아는 이러한 지리적 조건을 활용해 찬정분지에 대규모로 양을 키웠습니다. 도시가 들어서기 어려운 지역이 넓은 국토이지만, 지리적 조건을 활용한 산업을 만들어 낸 오스트레일리아는 세계 최대의 양모 생산국이자 수출국으로 자리매김했습니다.

그레이트디바이딩산맥의 패러독스

오스트레일리아는 하나의 국가가 곧 섬이자 대륙입니다. 한 국가로 보면 세계에서 여섯 번째로 넓지만, 대륙으로 보면 그다지 넓지 않다는 점이 특징이지요. 바로 이러한 지리적 특성은 오스트레일리아에 축복이자 저주가 되었어요. 그런 성격을 강화한 것은 아이러니하게도 그레이트디바이딩산맥입니다.

오스트레일리아는 태평양과 인도양 사이에 중심을 잡고 선 땅입니다. 그 자체로 거대한 섬이라서 사방이 바다와 연결돼 있지요. 북으로는 인도차이나반도 주변의 여러 섬나라와 바다, 서로는 인도양, 동으로는 태평양, 남으로는 남극해와 닿습니다. 북반구에 밀집한 여러 국가가 신경전을 넘어 미사일까지 주고받을 때, 남반구의 오스트레일리아는 분쟁이나 외적의 침입에서 한발 물러서 있을 수 있었지요. 미국과 소련 중심의 냉전 시기엔 이러한 지리적 조건이 뚜렷한 장점이었어요.

앞서 살펴봤듯 동쪽 끄트머리에 남북으로 길게 뻗은 그레이트디바이딩산맥은 오스트레일리아 인구의 상당수가 동남부 해안에 모이도록 했습니다. 온화하고 비가 잦은 동남부 해안으로 사람들이 모이며 대도시가 발달했지요. 대도시는 자연 생태계로 보면 최상위 포식자예요. 인구가 밀집한 대도시는 해당 국가의 정치·경제·사회·문화의 중심지로 지위를 탄탄히 하며 거대도시로 발달하기도 합니다. 이를테면 서울을 중심으로 한 우리나라의 수도권이 그렇지요. 이렇듯 자연환경의 영향으로 국가의 동남부 해안에 핵심 지역이 조성된 오스트레일리아는 20세기 대륙 중심의 지정학 관점에선 불리한 면이 적었습니다.

하지만 21세기 지경학의 관점에선 사정이 달라요. 21세기 세계 경제는 해상을 통한 물류 체계가 좌우하는데, 오스트레일리아의 동남부 해안 지역은 무역의 핵심 거래처와 멀어도 너무 멀어요. 유럽과 북미는 차치하더라도 동아시아와의 거리도 만만치 않습니다. 오스트레일리아의 무역은 풍부한 자원을 수출하고, 그 돈으로 제조국의 완제품을 사는 방식이 주를 이룹니다. 여기에는 막대한 운송 비용이 뒤따라요. 북반구의 유럽, 북미, 동아시아 등 경제의 핵심 지역과 멀리 떨어진 오스트레일리아 주요 도시의 위치는 한때는 지리적 장점이었으나 시대가 바뀌며 단점이 되어 뚜렷한 한계를 보입니다.

또한 그레이트디바이딩산맥 동남부로 집중된 수입 경로가 때로는 오스트레일리아 경제에 큰 타격을 줄 수 있습니다. 세계 각지에서 오스트레일리아로 들어가는 무역선은 대부분 인도네시아의 해역을 거쳐 동남부의 대도시로 이동합니다. 이를테면 유럽에서 오는 물자는 믈라카해협을 지나고, 아시아의 물자는 남중국해나 필리핀해를 거쳐 가는 식이지요. 그러니 인도차이나반도 일대를 지배하는 세력이 일부러 물류 체계를 차단한다면, 오스트레일리아의 주요 대도시가 마비되는 건 시간문제입니다. 제2차 세계대전 당시 제국주의 일본이 오스트레일리아 북부와 가까운 파푸아뉴기니를 점령해 해상 길목을 차단했을 때, 오스트레일리아가 위기의식을 느꼈던 이유이기도 해요.

ZOOM IN

오스트레일리아의 다윈항 읽기

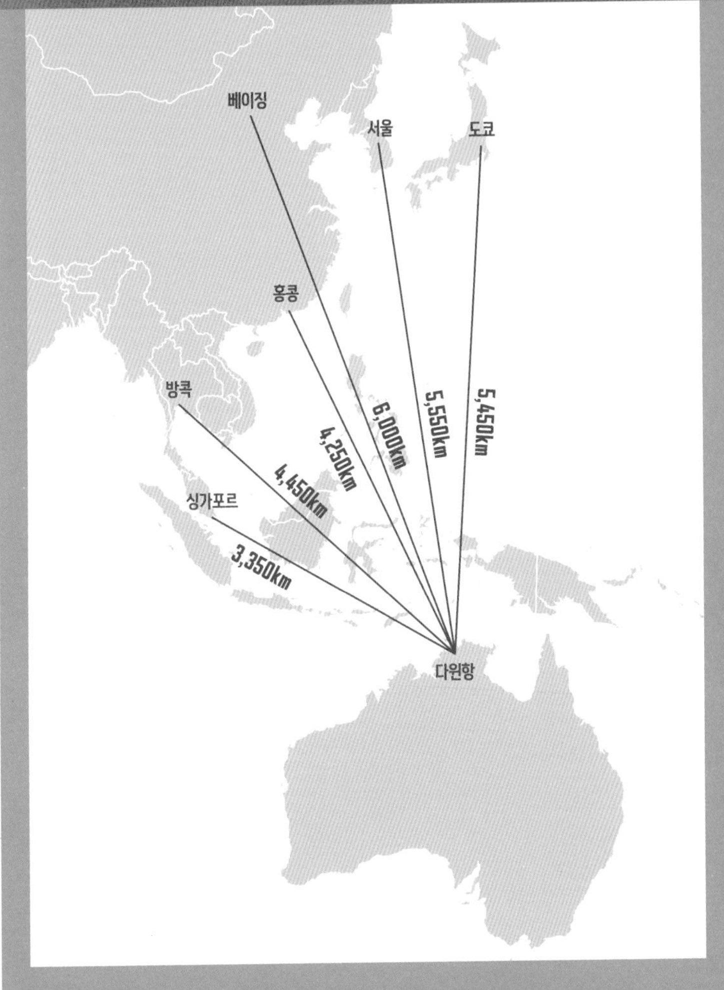

다윈항과 아시아 주요 도시와의 거리. 다윈항은 군사기지와 무역항으로서의 존재감이 남다르다. 특히 유럽 및 아시아와 지리적으로 가까워 지경학적으로 큰 이점을 지닌다.

오스트레일리아 북부 끝에 가면 노던 준주의 주도인 포트다윈을 만날 수 있습니다. '다윈'이라는 이름은 여러분도 잘 아는 진화생물학자 찰스 다윈에서 따온 것이에요. 1839년 찰스 다윈이 비글호를 타고 이곳을 지나갔기 때문입니다.

본디 포트다윈은 그레이트디바이딩산맥 동쪽의 핵심 지역에서 멀리 떨어진 작은 어촌 마을이었습니다. 시드니에서 국내선 비행기를 타고 4시간을 가야 닿을 정도로 멀지요. 하지만 21세기에 접어들면서 포트다윈의 중요성은 날이 갈수록 커지고 있습니다. 특히 해양 지정학의 관점에서 그렇습니다.

오늘날 세계를 움직이는 힘은 대륙에서 해양으로 완벽하게 옮겨 갔다고 볼 수 있습니다. 제2차 세계대전 이후 냉전 시대를 거치면서 막강한 해군력을 바탕으로 바다를 지배하는 것이 곧 세계에 대한 지배력이 되었어요. 20세기 중후반부터 미국이 저 홀로 패권국으로 성장하면서 해상 요충지에 군사기지를 놓아 지배력을 강화했습니다. 미국의 막강한 힘은 이처럼 바닷길을 통제하는 데서 비롯합니다. 해상 통제력은 곧 무역 경쟁력으로 이어져 나라를 살찌우기에 좋지요. 그런 면에서 유럽과 아시아를 잇는 남중국해와 가까운 포트다윈의 다윈항은 세계 물류 시스템의 관점에서 그 중요성이 상당합니다.

과거 포트다윈은 제국주의 일본이 폭탄을 투하해 폐허가 된 적이 있어요. 당시 다윈항이 연합군의 주요 해군기지였기 때문입니다. 연합군이 다윈항에 해군 함대를 주둔한 까닭이나 일본이 기를 쓰고 그곳을 파괴하려고 했던 까닭은 모두 다윈항의 지정학적 가치 때문입니다.

그런데 2015년 노던 준주 정부가 다윈항을 중국 기업인 랜드브리지에 99년간 임대했어요. 이렇게 중요한 곳을 왜 다른 나라에 임대했을까요? 홍

콩의 《사우스차이나모닝포스트》에 따르면 2023년 기준 오스트레일리아의 3대 수출품인 리튬, 철광석, 바닷가재의 전 세계 수출 물량 중 중국이 차지하는 비중은 각각 84%, 69%, 80%에 달한다고 해요. 미국이 견제하는데도 오스트레일리아가 다윈항을 중국에 임대한 이유는 이처럼 지경학적 맥락이 깊게 관여되어 있습니다.

다윈항의 임차인인 중국은 태평양과 인도양을 잇는 지정학적 거점을 확보한 셈이지만, 임대인인 오스트레일리아의 고민은 깊습니다. 21세기 들어 중국은 미국을 위협할 정도로 무서운 경제 성장을 이뤘어요. 이러한 흐름 속에서 미국과 중국은 관세를 이용해 보이지 않는 무역 전쟁을 치르고 있습니다. 그래서 오스트레일리아는 두 나라의 신경전 사이에서 늘 고민해야 하는 처지가 됐어요. 오스트레일리아가 미국과의 동맹을 강화하면 중국과의 무역 마찰은 불 보듯 뻔하고, 반대의 경우도 사정은 같습니다. 오스트레일리아는 다윈항의 지정학 및 지경학적 장점을 활용해 국익을 극대화하는 방향으로 미래 전략을 세울 수밖에 없습니다.

러시아
북해
독일
유럽
알프스산맥
캅카스산맥
흑해
카스피해
에스파냐
조지아
아르메니아
아제르바이잔
지브롤터해협
지중해
아틀라스산맥
모로코
알제리
리비아
사하라사막
사헬지대
아덴만
아라비아해
대서양
아프리카
인도양
나미비아

2부

다양성이 공존하는 유럽-아프리카

유전을 품은 세계의 화약고

캅카스산맥

캅카스산맥을 아는 사람은 그다지 많지 않습니다. 지리적으로나 세계사적으로 상당히 의미 있는 공간이지만, 히말라야산맥처럼 대중의 인식 속에 확고히 자리 잡지는 못했어요. 캅카스산맥의 산줄기가 짧아서이기도 하겠고, 알려진 관광 명소가 없는 데다 국제 뉴스에 자주 언급되지도 않으니 더욱 그럴 거예요. 이를테면 이스라엘은 국토 면적이 매우 작지만 여러 종교의 성지인 예루살렘이 있고, 분쟁이 끊이지 않는 팔레스타인 가자 지구가 있는 탓에 인지도가 매우 높지요.

세계적 인지도는 없지만 캅카스산맥의 위치는 매우 주목할 만합니다. 캅카스산맥은 지중해의 끝자락인 흑해와 내륙의 바다로 불리는 카스피해를 연결하는 길목에 있기 때문이에요. 이쯤에서 지도를 펼쳐 볼까요? 캅카스산맥을 중심으로 가까운 곳과 먼 곳을 살펴봅시다. 가까운 곳에는 흑해와 카스피해가 펼쳐집니다. 조금 멀어지면 유럽과 아시아가 보입니다. 캅카스산맥이 유럽과 아시아의 경계이자 러시아의 지정학적 요충지임을 확인할 수 있지요.

좁고 날카롭지만, 그 덕에 뚜렷한 경계로 기능하는 지역! 그곳이 바로 캅카스산맥이에요. 그래서 캅카스산맥을 제대로 파악하려면 지리적 밑그림을 먼저 이해해야 합니다. '바다-좁고 날카로운 산지-내륙의 넓은 호수'로 연속되는 공간 흐름에는 어떤 의미가 있을까요?

좁고 날카로운 자연 장벽, 그 위에 꽃핀 삶터

캅카스산맥은 유라시아판과 아라비아판이 충돌하며 만들어졌어요. 두 판 모두 대륙판이라 서로 만나면 힘겨루기에 들어갑니다. 성질이 같은 판의 만남이지만, 이 경우는 최종 승자가 결정되었지요. 결국 힘에서 밀린 판이 아래로 들어가는데, 결과를 완벽히 수긍할 수 없는지 고개를 조금만 숙이는 모습을 보입니다. 하나의 대륙판이 다른 대륙판 밑으로 거의 수평으로 들어간 터라 땅이 높게 들어 올려졌지요. 높고 좁고 날카로운 캅카스산맥은 이렇듯 판의 경계에서 탄생한 자연의 산물입니다. 유럽에서 가장 높은 엘브루스산(5,642m)이 이곳 캅카스산맥에 있는 이유도 이 때문이에요.

캅카스산맥 좌우에 있는 흑해와 카스피해의 탄생 과정도 간략히 살펴봅시다. 우선 흑해부터 볼까요? 흑해는 '검은 바다'라는 뜻이지만, 실제로 바다 빛깔이 검다는 의미는 아닙니다. 오늘날 튀르키예가 있는 아나톨리아반도의 튀르크족 문화에선 검은색은 북쪽, 흰색은 서쪽을 뜻한다고 해요. 그래서 아나톨리아반도 북쪽의 바다라는 뜻에서 '흑해'로 불렸다는 설이 가장 유력합니다.

흑해의 흥미로운 특징은 가장 좁은 곳의 폭이 1km도 되지 않

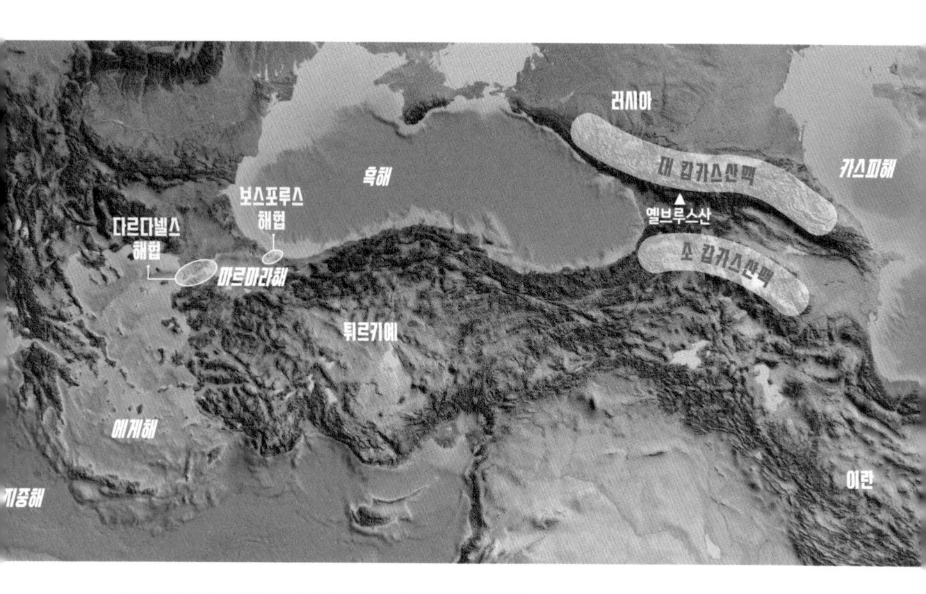

칸카스산맥 주변의 공간 요소

는 보스포루스해협을 통해 마르마라해로 연결되고, 다시 최소 폭이 1km 정도인 다르다넬스해협을 통해 지중해와 연결된다는 점입니다. 마치 염주를 꿴 것처럼 해협과 바다가 연속된 끝자락에 흑해가 있는 것이지요. 어쩌다 이런 독특한 모습을 갖게 되었을까요?

좁은 해협은 흑해가 만들어지는 데 마중물 역할을 했어요. 최근 네덜란드 위트레흐트대학의 지질학자를 비롯한 국제 연구진은 좁은 물길이 생기기 전 흑해는 넓은 저지대였거나 민물 호수였을 가능성이 크다고 발표했습니다. 신생대 마이오세 말, 당시 동유럽과 서아시아 일대는 파라테티스해라고 불리는 거대한 호수였다는 것입니다. 판이 움직이며 거대한 습곡 산지가 만들어지는 과정에서 바닷물의 유입이 차단돼 형성된 파라테티스해는 지금의 알프스산맥에서 카자흐스탄에 이르는 규모로, 오늘날의 지중해보다 넓었다고 합니다. 이후 판의 경계와 가까운 곳에서 땅이 날카롭게 갈라지며 보스포루스해협과 다르다넬스해협이 만들어졌고, 해협을 통해 지중해의 바닷물이 밀려와 지금과 같은 모습을 갖추게 되었어요. 그리고 파라테티스해의 일부가 내륙에 고립되어 남은 것이 카스피해입니다.

이러한 독특한 땅과 바다, 호수의 배열은 그 중심에 있는 캅카스산맥의 이야기를 다채롭게 만드는 계기가 됐습니다. 사람이 정착하려면 물이 안정적으로 공급되어야 하고, 식량을 재배하기에 알맞은 자연환경 또한 필요해요. 캅카스산맥 고지대의 산악빙하는 꾸준히 얼음 녹은 물을 내려보내 저지대의 지하수를 풍성하게 해줬고, 저지대는 주로 아열대성 기후 지역이라 농작물이 자라는 데 문제가 없었습니다. 해발고도가 높은 지역에 정착한 사람은 호밀, 귀리 등 추위에 강한 작물을 재배해 식량을 마련할 수 있었어요. 한편 높고 좁은 산맥은 천혜의 자연 장벽이 되어 주었지요. 험준함이 역설적으로 삶터로서 자리매김하도록 도운 것이지요. 캅카스산맥 일대에 고대 국가 탄생 이전부터 사람이 살았던 이유입니다.

캅카스산맥의 공간 질서 구체화하기

캅카스산맥은 북쪽의 대(大) 캅카스, 남쪽의 소(小) 캅카스, 그 사이의 저지대로 나누어 볼 수 있습니다. 캅카스산맥은 크게 보아 두 줄기인데, 모두 앞서 언급한 대로 판과 판이 만나며 땅이 휘어져 만들어졌어요. 강력한 힘이 꾸준히 한 방향으로 작용하면 솟아오름과 동시에 상대적으로 낮아지는, 다시 말해 주름이 접히는 곳이 생깁니다. 이러한 원리로 대, 소 캅카스 사이의 저지대가 만들어졌습니다. 세로 방향으로 몇 번 접어 둔 종이를 가로 방향으로 밀면 전체적으로 위로 솟지만, 중간마다 낮은 골이 만들어지는 원리와 같지요.

대 캅카스 산줄기는 이름처럼 캅카스산맥의 핵심을 이룹니다. 지리적으로 보면 흑해의 타만반도와 카스피해의 압세론반도를 잇고, 도시로 보면 2014년 동계올림픽이 열렸던 흑해 연안의 소치에서 카스피해 연안의 대도시 바쿠를 잇습니다. 대 캅카스 산줄기는 높고 좁은 뚜렷한 자연 경계라서 오늘날 조지아와 아제르바이잔을 러시아와 구분하는 국경선이 지납니다.

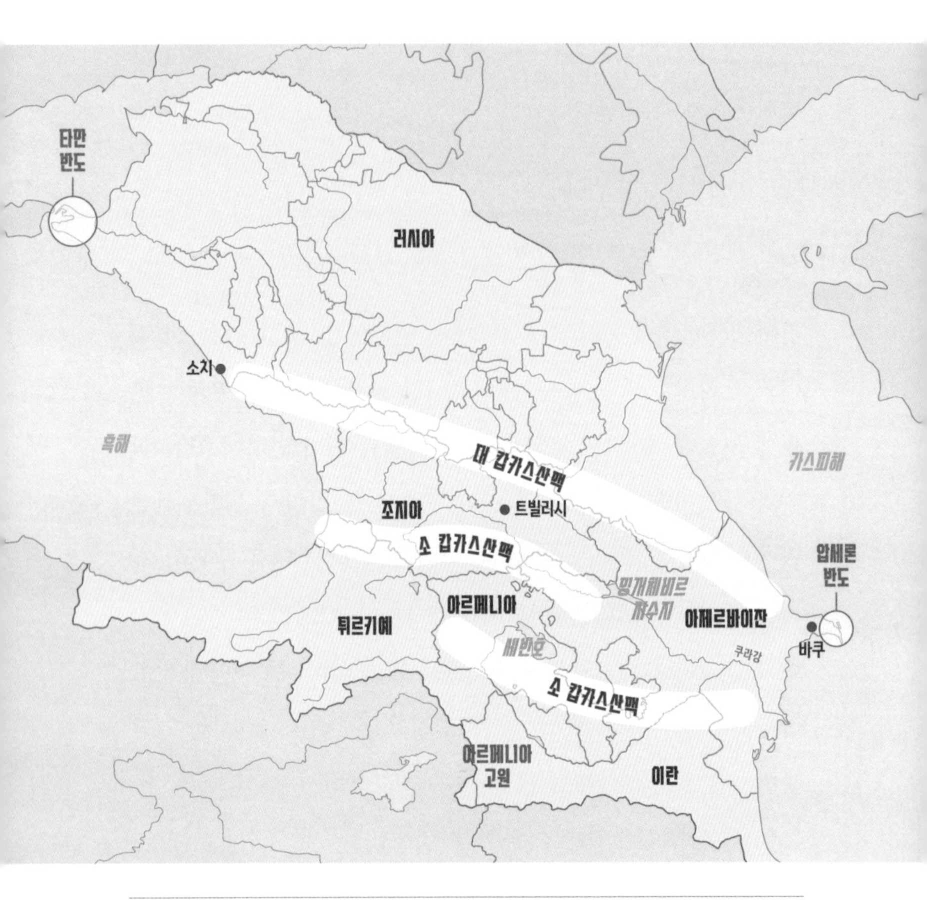

캅카스산맥 일대의 지리 요소

대 캅카스 산줄기 남쪽에 발달해 있는 소 캅카스는 상대적으로 산줄기가 덜 뚜렷해요. 그렇지만 두 산맥은 나란히 달리며 확실한 존재감을 뽐냅니다. 소 캅카스 산줄기의 남쪽에는 비교적 평탄한 아르메니아고원이 펼쳐져 있고, 주름진 저지대 일부엔 물이 고여 세반호, 밍개체비르 저수지가 만들어졌어요.

두 산맥 사이의 저지대는 흑해에서 카스피해까지 불연속적으로 펼쳐져 있습니다. 흑해 연안에서 시작된 좁은 저지대는 조지아의 수도 트빌리시를 기점으로 아제르바이잔부터 넓은 저지대로 이어지며 카스피해에 닿습니다. 이 대목에서 트빌리시가 일찍이 5세기부터 도시로 발달한 공간적 맥락을 짚을 수 있어요. 그곳의 위치가 높고 험준한 두 산맥 사이의 좁은 길목이자 두 바다 사이의 중간 거점이었기 때문입니다. 트빌리시의 생활용수는 쿠라강과 트빌리시 호수에서 얻어요. 이들 강과 호수의 물 역시 주름살처럼 접힌 저지대에 산악 빙하의 물이 흘러와 만들어졌습니다.

지정학적 요충지인 캅카스산맥

역사가 시작된 이래 캅카스산맥 일대는 한 번도 패권국의 관심에서 멀어진 적이 없습니다. 이곳이 세계사에 등장한 것은 고대 헬레니즘 시대까지 거슬러 올라갑니다. 그리스가 지중해의 패권을 장악했던 시절, 캅카스산맥 일대에는 알렉산드로스대왕의 동방 원정을 계기로 그리스 문화와 오리엔트 문화가 접목된 헬레니즘 문화가 전해졌습니다. 이후 지중해의 패권이 페르시아를 거쳐 로마제국으로 이어지면서 다양한 문화가 뒤섞이게 되었어요.

캅카스산맥 일대는 북쪽으로는 러시아제국(러시아), 남서쪽으로는 오스만제국(튀르키예), 남동쪽으로는 페르시아제국(이란)이 전진과 후퇴를 반복했고, 그 외 동로마제국이나 몽골제국(원) 등의 지배도 받았습니다. 그리고 땅 주인이 바뀔 때마다 그 일대는 새 주인의 입맛에 맞게 재구성되었지요. 나아가 캅카스산맥 일대는 예부터 지중해와 중앙아시아를 연결하는 교역의 교차로로서 향신료, 비단 등이 오갔습니다. 흑해-캅카스산맥-카스피해로 이어지는 공간적 특징이 유럽과 러시아, 서남아시아 문화의 이합집산을 낳았습니다. 캅카스산맥의 별명은 '문명의 통로'입니다. 지리의 관점에서 보면 꽤 잘 어울리는 수사라고 할 수 있겠네요.

캅카스산맥이 여러 제국의 관심을 받은 또 다른 이유는 남다른 지정학적 가치 때문입니다. 그 가치는 근대 이후 캅카스산맥 일대에서 어느 나라가 영향력을 발휘했는지 살펴보면 더욱 뚜렷하게 드러납니다. 19세기 후반 세계의 해양 패권을 쥐고 있던 영국은 러시아를 견제하고자 캅카스산맥에 발을 들였어요. 캅

아제르바이잔의 옛 수도였던 셰키는 실크로드 시대의 중심지였다.
이곳에는 동서양을 오가는 대상(隊商)들을 위한 숙소 '카라반사라이'가 조성되어 있었다.

카스산맥을 경계로 삼아 러시아가 흑해나 카스피해를 자유롭게 활보할 수 없도록 막아섬으로써 자원과 바닷길을 통제했습니다. 그도 그럴 것이 러시아는 영토가 대부분 고위도에 속해 겨울철에 얼지 않는 부동항(不凍港)이 드물어요. 러시아가 흑해로 진출해 부동항을 갖는다면, 지중해를 통해 대서양과 인도양으로 나아갈 수 있는 중요한 발판을 안정적으로 확보하는 셈이지요.

시간이 흘러 제2차 세계대전 이후엔 새로운 패권국 미국이 캅카스산맥을 찾아 구소련을 본격적으로 견제하기 시작했어요. 이른바 냉전이라고 불렸던 미국과 소련의 대결 구도 속에서 캅카스산맥은 지정학적으로 뚜렷한 경계가 되었습니다. 미국이 전 세계적으로 영향력을 확장하고 1991년 구소련이 몰락하면서 흑해 연안의 연방국이었던 우크라이나가 독립합니다. 우크라이나의 독립은 곧 러시아의 흑해 지배권이 약해지는 계기가 됐어요. 2022년 러시아가 우크라이나를 침공한 데에는 흑해를 통한 해상 진출로를 확보하려는 이유도 크게 한몫했습니다.

문화 다양성의 최고봉

오늘날 캅카스산맥에는 네 국가가 국경을 맞대고 있습니다. 조금 더 세분하면 대 캅카스산맥의 능선을 따라 북으로 러시아, 남으로 이른바 캅카스 3국으로 불리는 조지아, 아르메니아, 아제르바이잔이 있어요. 이 중 러시아를 제외한 나머지 세 국가는 국토 대부분이 캅카스산맥이 펼쳐 낸 지형 요소와 맞물립니다. 지형의 높낮이에 따라 국가를 구분하자면 조지아 및 아르메니아는 산악의 비중이 높고, 아제르바이잔은 평지의 비중이 높아요. 러시아는 이 세 나라를 캅카스산맥 반대쪽(바깥쪽) 지역이라는 뜻의 '트랜스 코카시아'로 불렀습니다. 하지만 이는 러시아가 자국

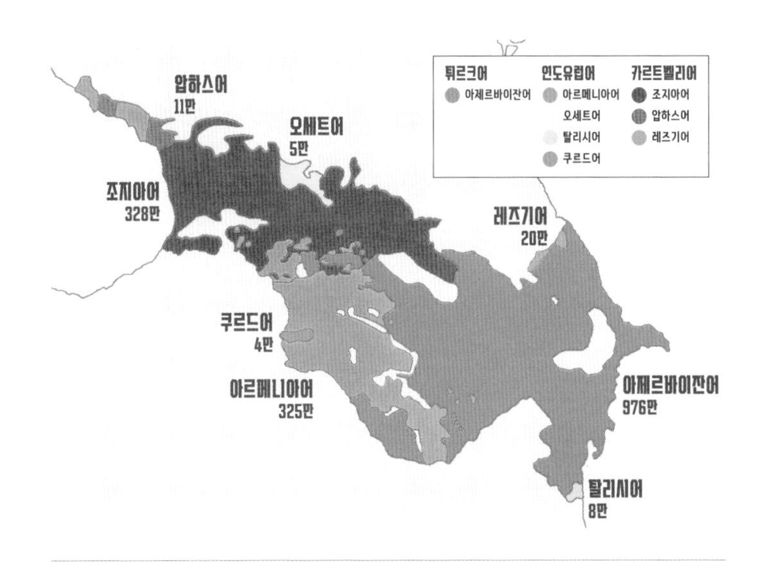

남 캅카스 지역의 언어 분포를 나타낸 지도.
크게 튀르크어, 인도유럽어, 카르트벨리어로 구분한다.

을 기준으로 부르는 이름이고, 방위에 따라 북 캅카스, 남 캅카스로 구분하는 것이 더 중립적이기에 여기서는 이 표현을 사용하겠습니다.

앞서 이야기한 것처럼 캅카스산맥 일대는 여러 문화가 뒤섞여 있습니다. 캅카스산맥의 문화 다양성을 이야기할 때 빼놓을 수 없는 것이 바로 민족이에요. 캅카스산맥에 기대어 살아가는 민족 집단은 50여 개에 달할 만큼 다양하고 복잡해요. 오랜 세월 동안 여러 민족이 흘러 들어와 산지, 고지대, 저지대, 호수 주변 등 다양한 지형 조건에 기대어 각자 독립적인 삶을 가꿔 왔기 때문이에요. 그들은 각자의 방식으로 자기 문화를 이어가며 서로 다른 언어를 고수했습니다. 이 일대의 문화 다양성이 높은 것은 지리적으로 보면 숙명과도 같았습니다.

이들 민족은 수백 명으로 이루어진 작은 집단부터 수백만 명으로 구성된 집단까지 규모가 다양합니다. 이 중 오래전부터 캅카스산맥 일대에서 거주해 온 아르메니아인의 조상은 기원전 700년 무렵에 아나톨리아반도(지금의 튀르키예 일대)에서 남 캅카스로 넘어온 것으로 추정됩니다. 캅카스 지역은 침략이 잦았던 곳이지만 흥미롭게도 특정 세력에게 쫓겨 이곳에 정착한 이들도 있습니다. 바로 이란계 오세티야 민족이에요. 이들은 13세기 몽골제국에 의해 캅카스산맥 일대로 밀려나 러시아, 조지아, 튀르키예 등지로 흩어졌습니다. 오세티야 민족은 살던 땅에서 강제로 떠나야 했던 뼈아픈 경험이 있는데도 전통문화를 꿋꿋하게 유지·계승하고 있지요.

여러 민족이 뒤섞여 살아가는 곳이기에 종교 또한 다양합니다. 비율만 따지면 조지아는 조지아정교, 아르메니아는 아르메니아 사도교회, 아세르바이잔은 이슬람교가 각 90% 내외로 국가마다 국민 대다수가 신봉하는 종교가 있지만, 유대교나 조로아스터교 등의 소수 종교도 공존합니다. 하지만 이러한 종교적

조지아의 즈바리 수도원(위)과 아제르바이잔의 헤이다르 모스크(아래)

다양성은 종교에 따른 차별의 씨앗이 되어 쉽게 갈등과 분쟁으로 이어지기도 합니다.

독재자 스탈린이 캅카스산맥에 남긴 불씨

러시아제국은 블라디미르 레닌이 이끈 볼셰비키 혁명 이후 소비에트연방이 탄생하며 역사의 뒤안길로 사라졌습니다. 레닌 이후 소련의 실권자로 등극한 인물은 공포정치의 대명사인 이오시프 스탈린이에요. 스탈린은 레닌 휘하에서 소련 공산당의 실권을 장악해 30년 동안 철권통치를 단행했습니다. 이 때문에 스탈린이라고 하면 공산주의 혁명과 더불어서 학살, 독재, 숙청 등 나치 독일의 아돌프 히틀러와 견줄 정도로 악명 높은 이미지가 따라오지요.

스탈린의 고향은 러시아제국의 남쪽 변방이었던 그루지야(오늘날의 조지아)입니다. 스탈린은 조지아의 작은 도시 고리에서 농노의 자식으로 태어나 대도시 트빌리시에서 젊은 시절을 보냈어요. 그런데 스탈린의 이러한 성장 배경이 캅카스산맥에서 오랫동안 이어진 나고르노카라바흐 분쟁의 씨앗으로 작용했습니다. 무슨 일이 있었던 걸까요?

캅카스 3국이 탄생한 것은 1917년 스탈린이 적극적으로 가담

나고르노카라바흐 분쟁 지역

한 볼셰비키 혁명이 성공한 직후입니다. 혁명이 끝난 후 러시아로부터 독립을 꾀하며 조지아정교가 우세한 곳은 조지아로, 아르메니아 사도교회가 우세한 곳은 아르메니아로 분리되었고, 중동과 가까워 무슬림 비중이 높은 지역은 아제르바이잔이 되었어요. 그러나 구소련은 캅카스 3국을 차례로 점령했지요. 남 캅카스에서 나고 자라 이곳의 지역적 특성을 손바닥 보듯 꿰고 있던 스탈린은 민족과 종교를 뒤흔드는 갈라치기를 서슴지 않았습니다. 그때의 역사가 씨앗이 되어 발발한 것이 나고르노카라바흐 분쟁이에요.

나고르노카라바흐 분쟁은 아제르바이잔 영토 내에 아르메니아인이 주로 거주하는 나고르노카라바흐 지역을 둘러싸고 일어난 다툼입니다. 나고르노카라바흐에 수립된 아르차흐공화국은 아제르바이잔 영토 위에 노른자위처럼 얹힌 모양새입니다. 사정이 이렇다 보니 아제르바이잔은 국토의 완벽한 수복을, 아르차흐공화국은 분리 독립을 원하는 상황이 30년 넘게 이어지며 여러 차례 전쟁을 치르기도 했습니다. 지난한 지정학적 분쟁은 2023년 아제르바이잔의 대규모 공습으로 마침내 일단락되었습니다. 2024년 1월 1일부로 아르차흐공화국의 국가 체제는 해체됐고, 나고르노카라바흐는 아제르바이잔의 영토가 되었어요. 아르차흐공화국이 몰락한 후 그곳에 거주하던 아르메니아인 대부분은 본국 아르메니아로 탈출을 감행했습니다. 아제르바이잔의 인종 청소가 두려워서였지요. 21세기에도 인종 청소라는 반인륜적인 행위가 사라지지 않는 건, 내 편과 네 편을 가르는 부족 본능('우리'에 대한 지나친 애착에서 비롯한 집단적 행동)이 여전하기 때문일 거예요.

동족상잔의 비극을 겪고 있는 한반도 분단의 배경에도 스탈린이 있습니다. 김일성이 끈질기게 부탁하자 남침을 허락한 스탈린은 처음엔 반대 의견이 강했다고 해요. 하지만 1949년 10월 중국 공산당이 중국 대륙의 공산화에 성공했고, 미군이 1949년 6월 남한에서 철수한 뒤 1950년 1월 애치슨라인을 그어 남한을 극동 방위선에서 제외하는 등의 변화가 생기자 김일성의 남침을 허가합니다. 이러한 지정학적 조건의 변화는 1950년 6월 25일, 한국전쟁의 도화선이 되었어요. 오늘날 한반도는 캅카스 산맥 일대와 마찬가지로 패권 세력의 간접적 경계로서 분쟁 위험이 도사리고 있지요. 지정학적 단층 지역은 기회와 위기를 동시에 안고 있는 민감한 공간이 되는 경우가 많습니다.

ZOOM IN

카스피해의 지경학

바쿠의 플레임 타워. 불꽃 모양을 본뜬 세 개의 빌딩은
끊임없이 솟아나는 천연가스와 원유를 뜻한다.

아제르바이잔이 현대 사회에서 주목받게 된 또 다른 계기는 유전(油田)의 발견입니다. 석유가 나는 땅을 이야기할 때 빠지지 않는 도시가 바로 아제르바이잔의 수도 바쿠입니다. 카스피해를 향해 돌출해 있는 바쿠는 노천 유전지대입니다. 노천 유전은 우연히라도 불이 붙으면 쉽게 꺼지지 않는 특성 때문에 석유가 무엇인지도 모르던 고대부터 사람들에게 알려져 있었어요. 곳곳에서 석유와 천연가스가 새어 나온 터라 별명이 '불의 도시'였지요. 이 지역의 토착 종교인 조로아스터교가 '불을 숭배하는 종교'라는 사실도 지리적 환경을 생각하면 우연이 아닙니다.

바쿠 일대의 유전은 과거 러시아제국이 캅카스 지역에 큰 관심을 가진 이유이기도 합니다. 바쿠 유전은 13세기 이탈리아인 모험가 마르코 폴로가 쓴 《동방견문록》에도 기록돼 있습니다. 그는 "기름이 흘러나온다.", "식용으로는 적당하지 않지만 불이 잘 붙고, 낙타의 상처 난 곳에 바르면 좋다."라는 문장으로 노천 석유의 존재를 기록했어요. 일대를 방문한 많은 유럽인이 조로아스터교 사원에서 불을 뿜는 장면을 묘사했는데, 실은 바쿠 유전에서 새어 나오는 천연가스를 태우는 것을 목격한 것이었지요.

카스피해 일대에서 석유와 천연가스가 발견되는 이유는, 앞서 이야기했듯 이곳이 과거에는 거대한 호수 지역의 일부였기 때문입니다. 생명의 잔해가 잔잔한 호수 바닥에 오랫동안 결대로 쌓여 탄화한 것이 바로 화석 연료거든요. 전문가들에 따르면 카스피해 지역의 석유 매장량은 전 세계 매장량의 15~18%에 달한다고 해요. 이 중 60% 정도가 아제르바이잔과 카자흐스탄 연안에 집중해 있습니다. 제2차 세계대전 때 나치 독일과 동맹국이 이곳을 탈취하려 했던 것도 현대 사회를 지탱하는 생명수인 석유를 노린 전략적 행위였지요.

1991년 구소련이 해체하기 전까지 카스피해 유전은 이란의 영역을 제외하곤 구소련의 몫이었습니다. 하지만 캅카스 3국을 비롯해 카자흐스탄 등 신생 독립국이 탄생하고 미국, 영국, 프랑스 등에 본사를 둔 주요 석유 기업이 카스피해 일대로 몰려들면서 이곳을 둘러싼 파이프라인 경쟁이 본격화했습니다. 카스피해가 내륙에 자리한 터라 석유를 수송하는 파이프라인이 있어야 수출할 수 있거든요. 그런데 기존 파이프라인 상당수를 구소련이었던 러시아가 쥐고 있는 상황입니다. 주요 석유 기업들이 신생 독립국에 계속해서 우호적인 태도를 보이는 것도 독립적인 파이프라인을 더 많이 확보해 석유 수출을 안정화하려는 목적이지요.

다채로움과 풍요로움을 선사하는

알프스산맥

유럽을 아름답게 만드는 일등 공신은 단연 알프스산맥이에요. 하늘을 찌를 듯 높다란 산봉우리엔 새하얀 눈이 덮여 있고, 그 아래 펼쳐진 목가적인 초원은 보는 것만으로도 마음을 안정시킵니다. 에메랄드 빛깔의 호수 옆에 돗자리를 깔고 누워 알프스산맥을 병풍 삼아 날고 있는 패러글라이더의 춤사위를 본다면 잊지 못할 평생의 기억이 될 거예요. 세기의 명작 영화 〈사운드 오브 뮤직〉에서 푸른 초원을 배경으로 아름다운 선율의 도레미 송을 부르는 장면, 잘츠부르크에서 모차르트의 발자취를 좇는 여행은 알프스산맥이 선사하는 또 다른 호사이지요. 이처럼 알프스산맥이 펼쳐 내는 눈부신 비경은 보는 사람의 마음을 강렬하게 끌어당기는 힘이 있습니다. 알프스산맥을 '유럽의 꽃'이라 부르는 이유입니다.

하지만 알프스산맥은 유럽의 통합보다는 분리에 큰 영향을 줬어요. 알프스산맥이 남북으로 가른 두 지역은 같은 듯 다른 모습을 연출합니다. 알프스산맥의 지리적 맥락을 잡으면 유럽을 한층 풍요롭게 볼 수 있어요. 그러려면 알프스산맥을 아름다운 풍경으로만 바라봐선 부족하겠지요? 알프스산맥을 뚜렷한 경계로 바라보자는 뜻입니다!

유럽의 꽃, 알프스산맥의 탄생

알프스산맥은 슬로베니아 인근에서 시작해 오스트리아, 스위스, 프랑스를 지나 지중해 연안까지 1,200km에 달하는 산줄기입니다. 이렇듯 높고 험준한 산줄기는 앞서 살펴본 히말라야산맥처럼 판과 판이 만날 때 생겨나지요.

초승달처럼 휘어진 알프스산맥은 동서 방향으로 비스듬하게 누워 있습니다. 산줄기가 동서 방향으로 누우려면 남쪽에서 북쪽을 향해 미는 힘이 중요해요. 판의 구조를 나타낸 지도를 보면 유라시아판과 아프리카판의 경계가 지중해 일대를 지난다는 사실을 알 수 있어요. 유라시아판도 아프리카판도 모두 대륙판이니 두 판의 힘겨루기 끝에 높은 산지가 만들어집니다. 히말라야산맥도 비슷한 과정으로 만들어진 탓에, 이들을 묶어 알프스-히말라야조산대라고 불러요. 조산대(造山帶)란 산맥이 만들어지는 띠 모양의 산줄기 흐름을 뜻합니다.

여기서 한발 더 나아가 봅시다. 유럽에 속한 알프스산맥은 높은 산줄기를 뽐내지만, 맞은편 아프리카 대륙에서는 그 정도로 뚜렷한 산줄기가 나타나지 않습니다. 왜일까요? 눈썰미가 좋은 사람이라면 아프리카판이 유라시아판을 파고드는 모습을 상상했을 것 같네요. 맞아요. 같은 대륙판이지만 아프리카판이 유라

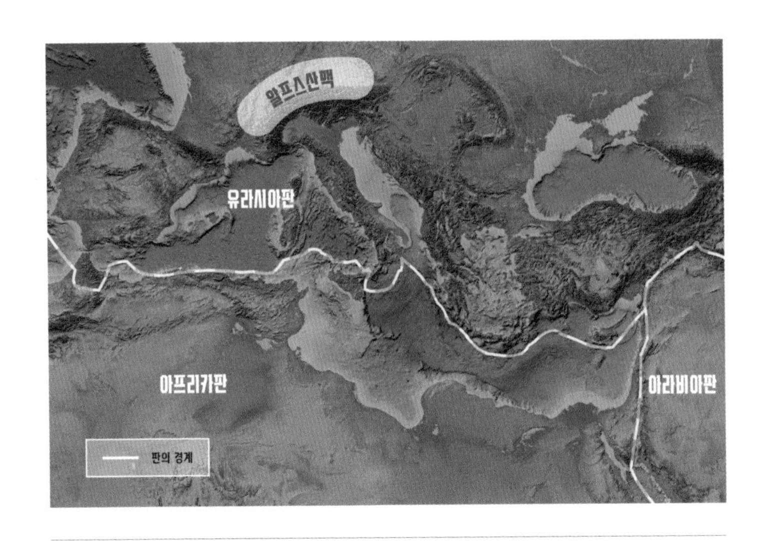

지중해는 아프리카판과 유라시아판이 만나는 지역이다.

시아판을 살짝 비끼며 밀고 들어가는 형국이라 알프스산맥이 높게 솟을 수 있었어요. 이 힘은 아직도 작용하고 있어서 알프스산맥은 지금도 일 년에 약 2~3mm씩 높아지고 있답니다.

내친김에 조금 더 나아가 볼까요? 유라시아판과 아프리카판이 만나기 전의 상황을 떠올려 보는 거예요. 알프스산맥보다 먼저 만들어진 지중해의 탄생을 상상해 봅시다. 먼 옛날 지구의 모든 대륙이 가까이 모여 있던 판게아(Pangaea) 시절이 있었습니다. 그때에는 지금의 유라시아 대륙과 아프리카 대륙의 사이에 큰 바다가 있었어요. 그 바다의 이름은 테티스해로, '거대한 바다'

고대 생물의 화석이 발견된 알프스산맥의 돌로미티 지역(이탈리아)

라는 뜻이에요. 테티스해는 오늘날 유라시아 대륙과 아프리카 대륙이 만나면서 대륙에 갇힌 바다가 되었고, 해저에 쌓였던 퇴적물은 꾸준히 이동하는 두 판이 만나면서 서서히 들어 올려졌어요. 문이 닫히면서 만들어진 바다가 오늘날 지중해가 되었고, 서서히 들어 올려진 퇴적물은 알프스산맥의 몸을 이루었어요.

이러한 사실은 과학적으로도 검증되었습니다. 2012년 오스트리아 국립자연사박물관은 알프스산맥 정상부인 이탈리아 돌로미티 지역에서 오징어의 조상 격인 고대 생물의 신종 화석을 발견했다고 발표했어요. 앞서 38쪽에서 히말라야산맥의 중턱에서 암모나이트 화석이 발견되었다고 이야기했었지요. 그와 같이 알프스산맥 정상부에서 발견된 해저 동물 화석은 산맥의 뿌리가 바다였음을 알리는 중요한 단서입니다.

아름다운 경관을 뽐내는 산록대

알프스산맥을 거대한 자연 경계로 보면 그 곁에는 연속적인 산록대가 나타납니다. 산록대는 지표 위로 높이 솟은 산지와 그 아래의 평지가 만나는 중간 지역에 해당해요. 산지와 평지가 만나는 곳은 대부분 완만합니다. 산록대는 산지에서 꾸준히 공급된 물질로 이루어져요. 오랜 세월 비바람을 견뎌온 산지는 피부가 각질을 내듯 조금씩 물질을 밑으로 내려보내기 때문이지요.

산록대에서 조금만 위로 걸으면 산지, 다시 조금만 아래로 걸으면 평지에 닿을 수 있기에 산록대는 산지 문화와 평지 문화의 속성을 두루 갖춘 공간이 됩니다. 산록대는 알프스산맥 북쪽 지역에서 공통으로 나타나는데, 대표적인 장소가 독일 바이에른주의 노이슈반슈타인성입니다. 바이에른왕국의 루트비히 2세가 지은 이 성은 알프스산맥에서 평야로 나아가는 중간 산록대에서 있습니다. 군사 및 통치 목적이 아닌 관저 성격으로 지은 성으로, 산록대 끄트머리에 세워진 탓에 조망이 일품이에요.

탁 트인 평원과 함께 노이슈반슈타인성의 조망에 날개를 다

독일의 노이슈반슈타인성과 알프 호수의 전경

독일의 바이에른주 포르겐 호수의 전경

는 또 다른 경관은 푸른 알프 호수(Alpsee)입니다. 알프 호수 역시 알프스산맥의 형성과 관련이 깊어요. 판과 판이 만나 땅이 높게 솟을 때 땅은 주름이 집니다. 땅 주름 중 높게 솟은 곳은 산지가 되고, 푹 꺼진 곳엔 물이 고여 호수를 이룹니다. 알프스산맥 주변의 호수를 채운 물은 산맥의 고봉을 덮고 있는 산악 빙하에서 왔습니다. 얼음 녹은 물이 꾸준히 산록대를 따라 내려와 낮은 곳을 채우면서 호수를 만드는 식이지요. 이는 알프스산맥 주변에 산맥과 마찬가지로 동서 방향으로 놓인 좁고 날카로운 호수가 많은 까닭이기도 해요.

라인강으로 읽는 알프스산맥 북쪽 평원

산록대를 지나면 너른 평원이 펼쳐집니다. 이른바 유럽 대평원이에요. 유럽 대평원은 프랑스 남부의 피레네산맥에서 러시아 우랄산맥까지 이어질 정도로 넓습니다. 지리의 관점에서 특별히 눈여겨볼 지점은 인간의 삶에 큰 영향을 주는 하천이에요.

유럽 대평원을 흐르는 하천은 대부분 남부의 고지대에서 시작돼 북부의 저지대로 흐릅니다. 라인강, 엘베강, 센상 능이 대표적이지요. 이 중에서도 라인강의 뿌리는 알프스산맥 깊숙한 곳까지 거슬러 올라갑니다. 라인강은 스위스 남동부의 알프스산악지대에서 발원합니다. 그리고 독일 남부 지방을 거쳐 프랑스와의 국경을 따라 흐르다가 네덜란드로 들어가서는 북해로 흘러들어요.

라인강은 우리에게 여러모로 익숙합니다. '라인강의 기적'이라는 말을 들어 봤을 거예요. 제2차 세계대전에서 패한 독일이 빠르게 국력을 회복해 생겨난 표현인데, 한국전쟁 후 우리나라가 이룬 눈부신 경제 성장을 이에 빗대 '한강의 기적'이라고 부르기도 하지요. 또 노랫말로 익숙한 라인강의 '로렐라이 언덕'은 유네스코 세계문화유산으로 등록되었습니다. 게다가 세계적으로 이름을 날리는 도시들이 라인강의 유명세에 크게 힘을 보탭니다. 어떤 곳들이 있는지 살펴볼까요?

라인강의 발원지에서부터 시작해 봅시다. 알프스산맥 곳곳에서 내려온 빙하 녹은 물은 거대한 보덴호를 만들어요. 보덴호를 지나면 스위스, 프랑스, 독일이 국경을 맞댄 바젤을 만납니다. 그리고 슈바르츠발트와 보주산맥의 좁은 골짜기를 지난 라인강은 프랑스의 스트라스부르에 닿습니다. 스트라스부르라는 지명은 '길의 도시'라는 뜻으로, 사통팔달의 교통 요지로 유명해요. 라인강은 다시 흘러 독일의 만하임과 마인츠를 지납니다. 마인츠에서 합류하는 마인강 바로 곁에는 독일 최대의 금융 도시 프랑크푸르트가 있어요.

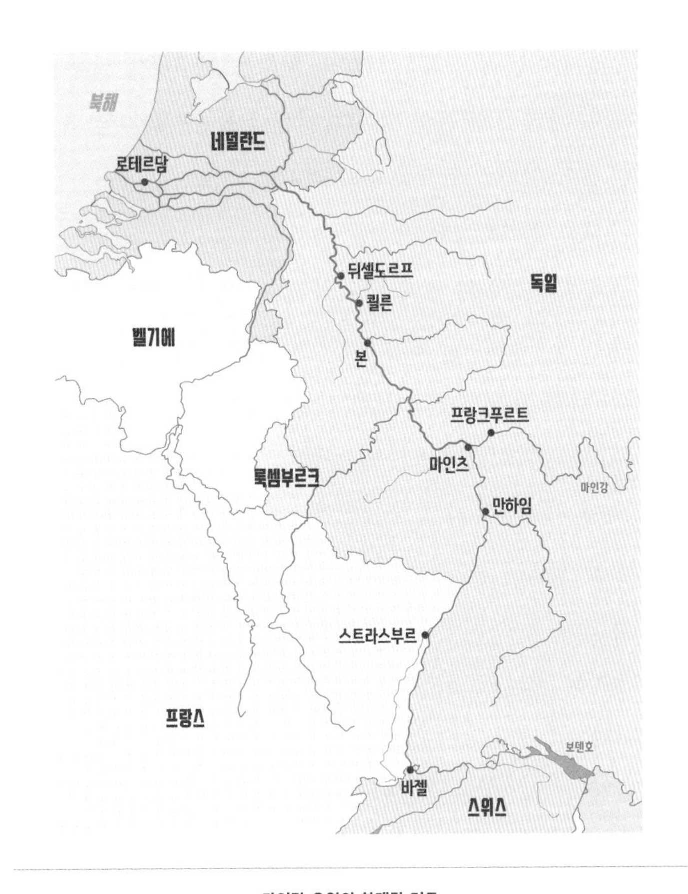

라인강 유역의 하계망 지도

이후 라인강은 로렐라이 언덕에서 숨을 고른 후 독일의 역사 도시인 본과 쾰른에 다다릅니다. 유명한 로마 가톨릭 건축물인 쾰른 대성당이 있는 곳이 바로 여기예요. 독일을 지나 네덜란드 국경으로 접어든 라인강은 바다와 만나는 하구에서 넓은 평야를 만들며 바다와 한 몸이 됩니다. 라인강 물줄기를 따라 도시를 짚으니 흩어진 퍼즐 조각을 맞춘 것처럼 한 줄기로 주요 도시의 이야기 흐름이 잡히네요.

알프스산맥 북쪽의 땅과 라인강의 밑그림을 그렸으니, 이제 이들 도시가 발달할 수 있게 해준 지리적 요소를 살펴봐야겠지요. 그 주역은 바로 알프스산맥의 융빙수와 서안해양성 기후입니다. 앞서 이야기했듯이 알프스산맥 고지대를 덮은 빙하는 꾸준히 녹아 저지대에 물을 공급합니다. 산악 빙하가 꾸준히 물을 내보낼 수 있는 까닭은 겨울철에 내린 눈이 빙하가 줄어들지 않도록 수분을 보충해 주기 때문이에요. 알프스산맥에 기댄 스위스, 독일, 오스트리아 등에서 수력 발전량이 많은 이유도 마찬가지입니다.

라인강에 꾸준히 물을 공급하는 두 번째 지리적 조건은 서안해양성 기후예요. 말 그대로 풀이하면 대륙의 서쪽 기슭에 나타나는 기후입니다. 이때 유럽과 아시아 대륙을 하나의 덩어리로 봐야 하는데, 유라시아 대륙의 서안은 다름 아닌 프랑스, 네덜란드, 독일, 영국 등이 있는 곳입니다. 이들 지역은 모두 중위도에 속해요. 중위도 지역의 가장 큰 특징은 편서풍이 분다는 것입니다. 일 년 내내 서에서 동으로 부는 편서풍은 대서양의 습기를

서안해양성 기후에 해당하는 독일 바이에른주 켐프텐 외곽 지역의 경관

대륙으로 실어 나릅니다. 편서풍 덕에 유럽 곳곳은 사시사철 촉촉한 대지를 가질 수 있지요. 목초 재배가 잘 되고, 그것을 활용한 농업과 목축업이 가능하다는 점이 서안해양성 기후 지역의 특징입니다. 만약 대륙과 바다의 위치가 바뀌었다면, 편서풍이 만드는 비구름 효과는 기대할 수 없겠지요.

알프스산맥이 내어주는 물과 서안해양성 기후의 꾸준한 강우량이 뒷받침되니 라인강은 일 년 내내 유량을 안정적으로 확보할 수 있어요. 당장 우리나라만 생각하더라도 장마와 태풍이 집중된 여름철에만 일 년 강수량의 약 60%가 내리는데, 이와는 상당히 대조적인 환경이지요. 이러한 지리적 조건 덕분에 네덜란드 로테르담에서 배를 타고 라인강을 거슬러 올라 스위스 바젤에 닿을 수 있어요. 내륙 수운이 활발히 이루어질 수 있는 공간 조건은 라인강 곁에 사람을 모았고 도시 발달이 수월했습니다. 수운을 통한 '라인강의 기적'은 어찌 보면 '한강의 기적'과는 상반된 지리적 조건에서 만들어진 서사라고 할 수 있어요.

알프스산맥 남쪽 땅의 밑그림

알프스산맥의 남쪽은 북쪽과는 사뭇 다른 환경이 연출됩니다. 지도를 보면 활처럼 휜 알프스산맥과 이탈리아반도를 남북으로 가르는 아펜니노산맥이 연합해 거대한 평야를 포위하는 모양새입니다. 산지로 완전히 둘러싸인 너른 평지의 이름은 포강 평원이에요. 포강 평원은 이탈리아 제1의 곡창지대, 제1의 상공업지대 등 여러 타이틀을 갖고 있어요. 이탈리아 경제를 이끄는 쌍두마차의 역할을 겸하는 공간이라 할 수 있지요.

포강 평원이 탄생하는 데 핵심적 역할을 한 것은 역시나 알프스산맥입니다. 포강 평원은 원래 아드리아해의 일부였어요. 유라시아 대륙판과 아프리카 대륙판이 만날 때 만들어진 바다이

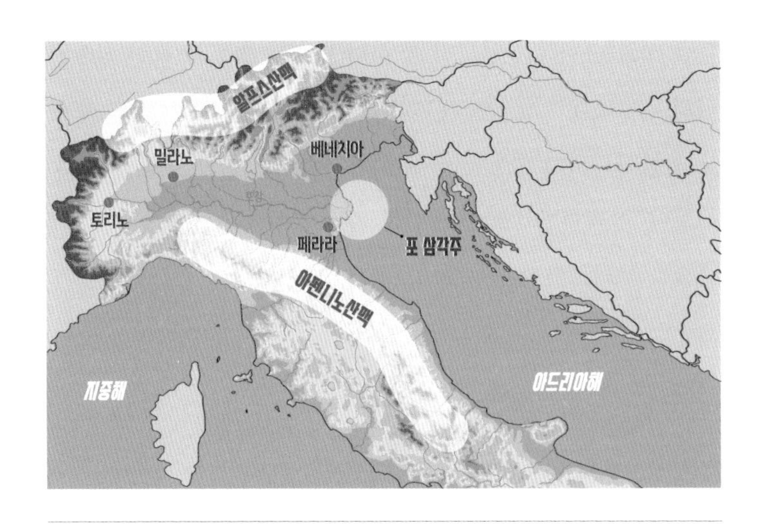

이탈리아 주요 산지와 포강 유역을 나타낸 지도

지요. 포강 평원이 아드리아해와 자연스럽게 연결되는 이유입니다. 알프스산맥 북쪽 지역과 마찬가지로 남쪽 지역도 빙하 녹은 물이 일 년 내내 흘러내려 강이 생겨날 수 있었습니다. 그리고 포강을 통해 알프스산맥에서 물질이 꾸준히 공급되어 넓은 퇴적 지형이 발달할 수 있었지요.

사시사철 마르지 않는 포강과 너른 평원은 사람을 모으는 매력적인 공간이에요. 포강 유역에 발달한 도시를 상류에서부터 열거하면 토리노, 밀라노, 페라라 등 유명한 곳이 많습니다. 2006년 동계올림픽의 개최지로 유명한 토리노는 이탈리아 북서부를 이끄는 핵심 산업도시 중 하나입니다. 제조업, 특히 자동차 산업이 발달해 이탈리아의 디트로이트로 불리기도 하지요. 밀라노는 롬바르디아 평원의 중심 도시이자 이탈리아 북부 최대 도시입니다. 세계적인 금융 기업의 본사가 많이 들어서 있고, 역사적으로도 서로마제국의 수도로 기능했기에 현재의 수도 로마에 견줄 만큼 영향력이 있는 도시입니다.

리소토 탄생의 숨은 주역인 알프스산맥

알프스산맥 남사면에서 발원한 포강 덕분에 토리노, 밀라노 등 대도시가 발달할 수 있었습니다. 계곡을 따라 큰 호수들도 만들어졌는데, 이는 과거에 빙하가 깎아 낸 자리라 물이 모이기 쉬웠지요. 나아가 알프스산맥에서 내려오는 좁은 계곡의 입구를 막아 수자원으로 활용하거나 수력발전을 할 수도 있었어요.

포강 평원에서 이루어지는 대표적인 농업 형태는 흥미롭게도 벼농사예요. 유럽에서 벼를 재배하는 곳은 극히 드물어요. 벼는 생육기에 높은 기온과 안정적인 물 공급이 꼭 필요한데, 유럽 대부분이 속한 서안해양성 기후 지역은 연중 비가 꾸준히 내려 태양 빛을 받는 시간, 즉 일조량이 절대적으로 부족합니다.

하지만 대서양에서 불어오는 편서풍을 알프스산맥이 가로막은 포강 평원은 사정이 달라요. 포강 평원은 여름철 매우 뜨거운 태양에너지를 얻을 수 있는 아열대고압대의 간접 영향권에 들기 때문이에요. 뜨거운 여름 기온과 안정적인 물의 확보, 나아가 오랜 시간 차곡차곡 쌓인 진흙으로 구성된 포강 평원은 벼농사를 위한 지리적 조건을 갖춘 공간입니다. 이는 이탈리아 북부 지역에서 쌀로 만든 요리인 리소토가 유명해진 까닭이기도 해요.

알프스산맥 북쪽의 유럽 평원과 라인강은 남쪽의 포강 평원 및 포강과 흥미로운 대구를 이룹니다. 이렇게 보면 알프스산맥이 뚜렷한 경계로서 기능한다는 사실을 알 수 있어요. 알프스산맥 북부 지역은 오래된 구조평야를 흐르는 라인강을 따라 인간의 이야기가 그려졌다면, 남부 지역은 산맥에서 흘러온 물질로 메워진 넓은 평원에 포강을 따라 인간의 이야기가 펼쳐졌어요. 만약 알프스산맥이 동서가 아니라 남북으로 뻗었다면, 인간이 이 공간에 새겨 온 역사의 물줄기는 지금과는 완전히 다른 방향으로 전개되었을 거예요. 지리적 조건의 힘을 다시금 느끼게 됩니다.

ZOOM IN

로테르담과 페라라의 공간 문법

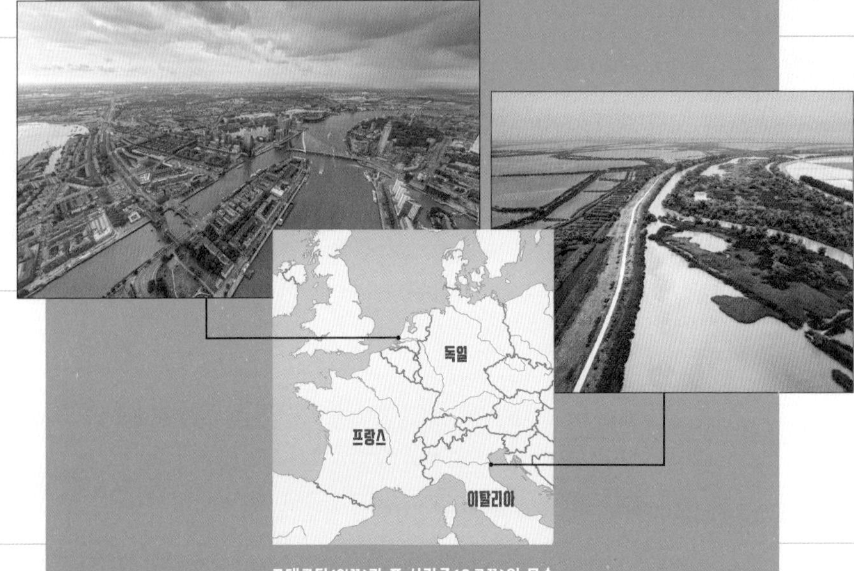

로테르담(왼쪽)과 포 삼각주(오른쪽)의 모습

라인강과 포강의 출발지는 모두 알프스산맥입니다. 하지만 바다와 만나는 종점은 공간의 결이 달라요. 라인강의 종점을 대표하는 도시는 네덜란드의 로테르담이에요. 로테르담은 유럽 최대의 무역항으로, 세계 곳곳의 물자가 모이는 곳입니다. 지리적으로는 라인강이 알프스산맥과 중간의 구조평야에서 운반해 온 각종 물질이 모이는 장소이기도 합니다. 많은 물질이 바다와 강이 만나는 곳에 몰리면서 넓은 습지가 만들어질 수 있었습니다. 넓은 습지는 인간이 호기롭게 간척을 시도할 수 있는 자리라서, 간척으로 일군 나라인 네덜란드가 탄생할 수 있었지요. 로테르담과 수도 암스테르담은 모두 하천이 운반한 물질이 바다를 향해 뻗어가는 과정에서 만들어진 습지를 일군 간척 항만이라는 공통점을 갖습니다.

이탈리아 북부의 도시 페라라와 포 삼각주도 사정이 비슷합니다. 포강이 운반해 온 막대한 양의 물질은 아드리아해를 만나는 곳에 꾸준히 쌓여 왔어요. 공급되는 양이 얼마나 많은지 포강 하구의 삼각주는 나날이 커지는 중입니다. 포강 삼각주는 이탈리아에서 가장 아름다운 습지로 평가받기도 해요. 그도 그럴 것이 이탈리아 사람들은 포 삼각주를 이용하는 대신 보존하는 쪽을 주로 택해 왔습니다. 습지의 주인 자리가 자연에 돌아가니 다양한 동식물이 모였고, 생태계의 선순환을 이뤘습니다.

오랫동안 자연이 주인 자리를 지킨 곳은 대부분 유네스코 세계유산으로 등재돼 있습니다. 페라라의 도시 중심부와 포 삼각주도 1999년 일찍이 유네스코 세계유산이 되었지요. 이에 그치지 않고 이탈리아는 포 삼각주를 자연 보호 구역으로 지정해 각별한 관심을 기울이고 있습니다. 포 삼각주에서 조금 위로 올라가면 조건이 비슷한 도시 베네치아를 만날 수 있습니다. 베네치아는 인간의 손길로 멋진 수상 도시로 재탄생해 유네스코 세계유산이 되었어요. 어떤 곳이든 땅의 성정을 제대로 이해한 이용은 그만큼의 가치를 갖습니다.

대륙 사이에 난 가장 좁은 바닷길

지브롤터해협

소설가 무라카미 하루키는 달리기 마니아입니다. 그는 달리기에 관한 에세이집 《달리기를 말할 때 내가 하고 싶은 이야기》에서 지브롤터해협을 '새로운 세계로 나아가는 관문'으로 묘사했어요. 이곳이 15세기 신항로 개척에 나선 크리스토퍼 콜럼버스에게 신세계로 나아가는 관문이었기 때문이지요.

반면 행동하는 예술가로 유명한 벨기에 작가 프랑시스 알리스는 지브롤터해협을 경계이자 통합의 장으로 읽었습니다. 국경과 경계에 질문을 던지며 국제사회의 정치적 사안을 탐구해 온 그가 지브롤터해협을 소재로 삼은 까닭은 아프리카와 유럽 대륙의 경계이기 때문이에요. 대륙과 대륙 사이의 바다라지만, 지브롤터해협의 최소 폭은 14km 정도에 불과합니다. 알리스는 〈지브롤터 항해일지〉에서 신발로 만든 배 모형을 손에 든 아이들이 각각 아프리카와 유럽에서 출발해 서로를 향해 걸어가는 장면을 연출했어요. 서로 다른 대륙에 사는 사람이 경계 없이 마주할 수 있음을 선보인 거지요.

이처럼 두 예술가가 지브롤터해협이라는 소재를 해석한 방식은 달랐어요. 하지만 '좁은 바다'라는 지리적 특징은 변함이 없습니다. 해협은 그 지리적 조건만으로 인간의 호기심을 충분히 자극하기에, 다채로운 이야기가 쓰여 왔어요. 해협은 과거 문명 발달 이전엔 바깥세상에 대한 두려움을 일깨웠고, 패권 다툼의 무대가 바다로 옮겨 오면서는 지정학적 가치가 높아졌습니다. 21세기 들어 국제 무역이 활발해지면서는 지경학적 중요성까지 더해졌어요. 해협에 얽힌 인간의 이야기는 나날이 풍성해지고 있습니다. 지브롤터해협에 귀를 기울이면 어떤 공간의 이야기가 들려올까요?

대륙과 대륙의 경계, 그 아슬아슬한 탄생

세계지도를 보면 유럽의 이베리아반도 끝과 아프리카 대륙은 붙어 있는 것처럼 보입니다. 지브롤터해협은 그만큼 좁고 날카롭습니다. 어떻게 이처럼 독특한 모양이 탄생했을까요? 흥미롭게도 아프리카 대륙 북서부 끝자락의 아틀라스산맥이 형성되는 과정과 관련이 깊습니다.

아틀라스산맥의 산줄기는 매우 높고 뚜렷합니다. 아틀라스산맥에서 가장 높은 투브칼산은 높이가 4,167m에 달해요. 이 정도로 높은 산은 화산이 아니라면 판과 판의 경계와 가까워야 만들어질 수 있습니다. 지금까지 지리학계에서 정리한 바에 따르면 아틀라스산맥은 약 3억 년 전, 대륙이 모여 판게아를 이루던 과정에서 판의 충돌로 만들어졌다고 봅니다. 이후 판게아가 다시 분리되어 대륙이 오늘날과 같은 형태로 자리를 잡아 가는 과정에서 옛 아틀라스산맥의 자리가 공교롭게 다시 판이 충돌하는 경계가 되었어요. 바로 아프리카판과 유라시아판이 충돌하는 경계예요. 두 대륙판의 충돌은 아틀라스산맥이 높게 솟은 연속된 산줄기를 가질 수 있었던 이유입니다.

이 순간에도 아프리카판은 유라시아판을 파고드는 중이에요. 그 와중에 지브롤터 일대에 가해진 힘은 날카로운 경계선을 만

지중해를 가운데 두고 마주한 유럽 대륙과 아프리카 대륙.
지중해 북쪽 해안선은 복잡하지만 남쪽 해안선은 상대적으로 단순하다.

들어 놓았습니다. 이러한 힘의 상호작용은 지중해의 형태를 보면 뚜렷하게 알 수 있어요. 지중해 주변의 산줄기와 해안선은 유럽과 아프리카 대륙이 상반된 형태를 보여요. 지중해를 거대한 타원으로 바라보면 유럽 대륙 쪽은 해안선이 매우 복잡하지만, 아프리카 대륙 쪽은 상대적으로 단조롭습니다. 아프리카판이 유라시아판 아래로 꾸준히 파고 드는 과정에서 아프리카 대륙의 지각은 해저 밑으로 사라지지만, 그 반대편인 유럽 대륙 쪽은 꾸준히 땅 주름이 일어나 드나듦이 복잡한 해안선으로 발달하기 때문이에요.

지브롤터해협은 지금의 이베리아반도와 모로코 사이에 생긴 좁고 날카로운 틈으로 대서양의 물이 지중해로 흘러들면서 만들어졌습니다. 앞서 캅카스산맥을 살펴볼 때 흑해와 카스피해가 만들어지는 과정을 설명하며 지중해 형성의 맥락을 짚은 바 있지요. 거대한 테티스해가 닫히고 그 안의 물이 말라 건조해진 지중해 분지에선 지브롤터 일대가 대서양에 접한 해안의 일부였습니다. 하지만 대서양의 물이 흘러드는 좁은 틈, 그러니까 해협으로 기능하면서 남다른 존재감을 지니게 되었습니다. 막대한 양의 대서양 바닷물이 지브롤터해협을 통과해 지중해로 흘러드는 동안 해협은 더 깊고 날카롭게 패였습니다.

바다의 경계, 지브롤터해협의 지정학적 위상

지브롤터해협을 세계지도에서 보면, 이토록 좁은 공간을 통해 지중해와 대서양이 소통한다는 사실에 놀라게 됩니다. 지브롤터해협은 워낙 목이 좋은 터라 역사의 단골 무대가 됐어요. 본격적으로 역사에 등장한 시기는 그리스·로마 문명이 꽃피우던 때입니다. 그리스신화는 지브롤터해협을 세상의 끝으로 묘사했어요.

그리스인들은 그곳에 있는 헤라클레스의 기둥을 섣불리 넘었다간 세상 끝 지옥으로 떨어진다고 믿었어요. 그러니까 대항해시대가 본격화하기 전까지 역사의 무대는 지브롤터해협을 경계로 열려 있지만 닫힌 셈이었지요.

하지만 신화는 어디까지나 신화일 뿐. 신화 속 이야기와는 달리 사람들은 오래전부터 지브롤터해협을 넘나들었습니다. 그도 그럴 것이, 바다로 가기 힘들다면 해협 너머까지 육지로 이동하면 그만이었지요. 나아가 지브롤터해협을 통과해도 연안을 따라 서라면 항해는 얼마든지 계속할 수 있어요. 고대의 항해술은 연안을 따라 높은 산을 기준으로 삼고 안전하게 이동하는 게 요지였습니다. 망망대해인 대서양의 한복판으로 나가는 게 두려웠을 뿐, 연안의 지형지물을 활용한 항해는 가능했어요. 청동 기술을 바탕으로 그리스보다 먼저 지중해의 패권을 장악했던 고대 페니키아도 이미 지브롤터해협 너머의 대서양 연안을 따라 해상 거점을 마련한 바 있습니다. 그 대표적인 도시 중 하나가 오늘날 포르투갈의 수도 리스본이에요.

지브롤터해협의 지정학적 가치는 트라팔가르해전을 통해서도 엿볼 수 있습니다. 트라팔가르해전은 1805년 영국 해군과 프랑스-에스파냐 연합함대가 벌인 전쟁이에요. 당시 나폴레옹 1세가 유럽 대륙을 접수했지만, 북해 너머에서 해군력을 과시하던

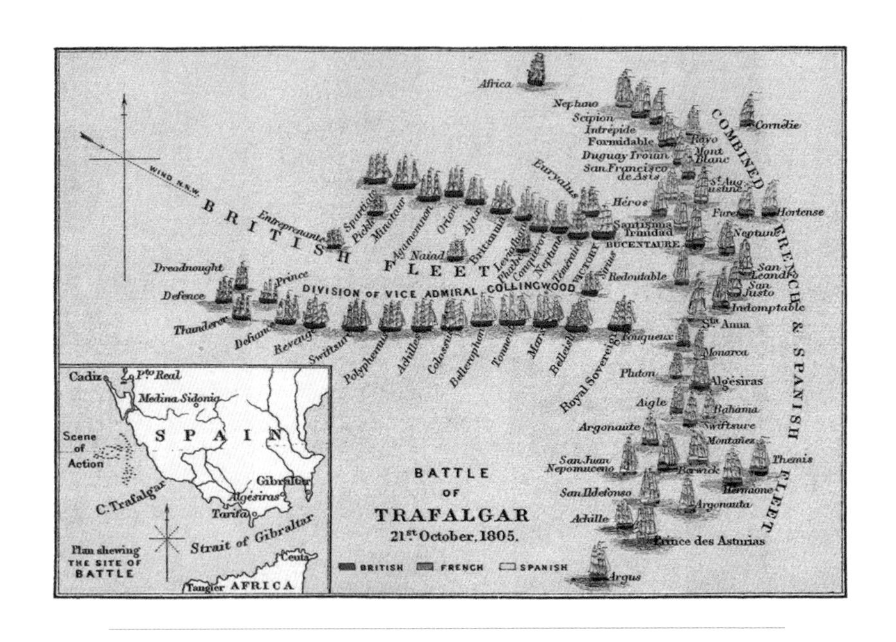

트라팔가르해전의 모습을 나타낸 지도. 붉은 배가 넬슨이 이끄는 영국 해군,
파랑과 노랑 배가 각각 프랑스, 에스파냐 해군이다.
두 세력은 지브롤터해협 인근에서 치열한 전투를 벌였다.

영국만큼은 손아귀에 넣지 못한 상황이었어요. 막강한 제해권을 자랑하던 영국은 프랑스-에스파냐 연합함대를 트라팔가르곶에서 처참히 짓밟았습니다. 프랑스-에스파냐 연합함대가 어떻게든 길을 뚫어 보고자 했던 트라팔가르곶은 지브롤터해협에서 대서양으로 나가는 코앞에 있어요. 영국이 끝끝내 지브롤터해협을 사수한 까닭은 그곳의 지정학적 위상 때문입니다.

남다른 지정학적 가치를 지닌 지브롤터해협은 바람 잘 날 없었어요. 하지만 그 덕에 해협과 가까운 곳에는 이색적인 도시 문화가 꽃을 피울 수 있었습니다. 대표적으로 지브롤터해협을 사이로 얼굴을 맞댄 에스파냐의 세비야와 모로코의 탕헤르예요. 두 도시는 지브롤터해협과 어떤 인연을 맺었을까요?

지브롤터해협의 북쪽 얼굴, 유럽 대륙의 세비야

에스파냐의 세비야는 과달키비르강이 바다와 만나는 지점에 자리 잡은 도시입니다. 세비야는 해안과 제법 멀리 떨어져 있지만 과거에는 항구로 기능했어요. 항구의 가장 중요한 조건은 배가 정박할 수 있는 안정적인 수심입니다. 배를 위협하는 가장 큰 적은 풍랑이 아닌 수중 암초나 퇴적 지형이에요. 수심이 낮은 지역은 상대적으로 암초가 많고 퇴적 물질이 쌓여 있어 순식간에 배의 발을 묶을 수 있기 때문이지요. 과달키비르강은 수심이 깊고 유량이 많아 세비야가 항구로 성장할 수 있게 했어요.

하지만 세비야는 해안에 퇴적 물질이 늘어나면서 항구의 기능을 서서히 잃었습니다. 우리나라에도 이와 비슷한 변천을 겪은 공간이 있습니다. 바로 전북특별자치도 부안군 줄포면이에요. 줄포는 갯벌이 꾸준히 커지면서 항구의 기능을 잃어버렸어

세비야와 부안 일대의 항구 위치

요. 그 결과 바다를 향해 튀어나온 변산반도의 곰소가 항구의 지위를 이어받았습니다. 세비야의 사정도 비슷해서 대서양 방면으로 발달한 카디스만의 카디스에 항구 역할을 넘겨줬습니다.

세비야와 줄포의 항구 기능을 앗아간 퇴적 지형은 흥미롭게도 모두 유네스코 세계유산입니다. 세비야 앞으로 넓게 펼쳐진 퇴적지는 습지와 관목이 주를 이루는 도냐나 국립공원이 됐습니다. 줄포만에 넓게 발달한 고창 갯벌은 세계 5대 갯벌 중 하나인 서해 갯벌의 일원이에요. 두 지역의 습지와 갯벌이 생물 다양성의 보고임은 물론입니다. 특히 서해 갯벌은 탄소를 머금을 수 있는 '블루 카본'으로서 가치를 인정받아 중요성이 한층 높아졌습니다. 기후 위기의 시대에 연안의 퇴적 습지는 개발이 아닌 보전이 필요한 소중한 자산이에요.

세비야는 15세기 말 크리스토퍼 콜럼버스가 항해에 나선 출발점이기도 합니다. 콜럼버스의 아메리카 대륙 발견 이후 세비야는 라틴아메리카와 에스파냐 사이의 무역을 독점하는 항구로 성장 가도를 달렸습니다. 그러한 세비야의 황금기를 상징하는 건물이 바로 규모 면에서도 손에 꼽힐 정도로 큰 세비야 대성당이에요. 세비야 대성당은 고딕 양식으로 아름답고 웅장하게 지어졌는데, 흥미롭게도 이슬람 사원인 모스크의 건축 요소를 곳곳에서 찾아볼 수 있습니다. 그중 가장 대표적인 시설이 종탑인 히랄다탑이에요. 히랄다탑은 본디 모스크의 미너렛으로 지어졌습니다. 미너렛은 무슬림에게 예배 시간을 알리고자 높게 짓는 탑 형태의 구조물이에요.

세비야 대성당에 이슬람교와 기독교의 건축양식이 버무려진 데에는 지브롤터해협도 적잖이 영향을 줬습니다. 이슬람 세력이 이베리아반도를 지배한 시점은 8세기 후 우마이야왕조까지 거슬러 올라갑니다. 아라비아반도에서 북아프리카를 따라 대서양까지 지배력을 넓힌 이슬람 세력은 지척에 있는 이베리아반도에 눈길을 주지 않을 수 없었어요. 후 우마이야왕조를 세운 무리가 이베리아반도로 건너간 것은 이슬람 세력 간의 다툼을 피하

세비야 대성당의 전경. 가장 높이 솟은 것이 히랄다탑이다.

보스포루스해협을 굽어보는 아야소피아

기 위함이었으나, 지브롤터해협의 폭이 좁았기에 건널 용기를 낼 수 있었을 테지요. 그래서 세비야 대성당의 뿌리는 모스크입니다. 기독교 세력이 세비야를 점령한 후 모스크를 개조하여 성당으로 사용하다가 15세기에 들어서는 안뜰과 히랄다탑만 남기고 모두 허물고는 지금의 대성당을 지었습니다.

튀르키예의 이스탄불에서도 두 종교 양식이 뒤섞인 건물을 만날 수 있습니다. 보스포루스해협을 굽어보는 아야소피아입니다. 아야소피아는 누구라도 쉬이 철거하지 못할 정도로 아름다워요. 그래서 이곳의 새 주인은 철거 대신 재활용을 택했고, 주인이 여러 번 바뀌며 모스크, 정교회 성당, 가톨릭 성당의 역할을 오갔습니다. 1935년부터 박물관으로 개방되었으나 2020년에 다시 이슬람 모스크로 전환되었습니다. 보스포루스해협의 아야소피아는 지브롤터해협의 세비야 대성당과 여러모로 닮았어요.

지브롤터해협의 남쪽 얼굴, 아프리카 대륙의 탕헤르

탕헤르는 모로코왕국의 항구 도시입니다. 2012년 세계박람회 유치를 놓고 전라남도 여수시와 마지막까지 불꽃 튀는 경합을 벌인 곳이기도 해요. 탕헤르는 지리적 위치가 절묘합니다. 지중해에서 지브롤터해협을 통과하자마자 대서양으로 활짝 바다가 열리는 길목이 바로 탕헤르의 자리예요. 대서양으로든 지중해로든 지브롤터해협을 오가려면 반드시 탕헤르를 지나야 한다는 뜻입니다.

대서양 연안의 항만 기능을 갖춘 탕헤르는 기원전 7세기 페니키아의 항구 도시로 첫 기틀을 닦았습니다. 페니키아가 몰락한 이후 로마제국의 항구로서도 기능했던 탕헤르는 중세 이슬람 왕조의 지배에 놓인 후 오늘에 이릅니다.

탕헤르의 뿌리가 된 민족은 베르베르인입니다. 베르베르인은 북부 아프리카 서쪽 지역의 토착 민족으로, 기원전부터 모로코에서 살아온 원주민이에요. 베르베르인은 상대적으로 물을 구하기 쉬운 지중해 연안을 따라 세력을 넓혀 갔습니다. 그러다 보니 리비아의 트리폴리, 알제리의 알제 등과 같은 오래된 지중해 도시나 모로코의 탕헤르와 라바트, 카사블랑카 등 해안 도시에는 베르베르인의 문화가 깃들어 있습니다. 이들 도시에서 만나는 독특한 민속 음악과 춤, 귀금속 및 공예품은 베르베르 원주민으로부터 이어져 왔습니다. 서양 역사의 물줄기가 지중해를 배경으로 격렬하게 전개되는 동안 로마, 비잔티움 왕조, 아랍 문명 등의 외침을 차례로 받으면서 모진 시기를 겪었지만, 여전히 베르베르인의 문화적 정수는 북아프리카 곳곳에 남아 있습니다.

세비야에 콜럼버스가 있다면 탕헤르에는 이븐 바투타가 있습

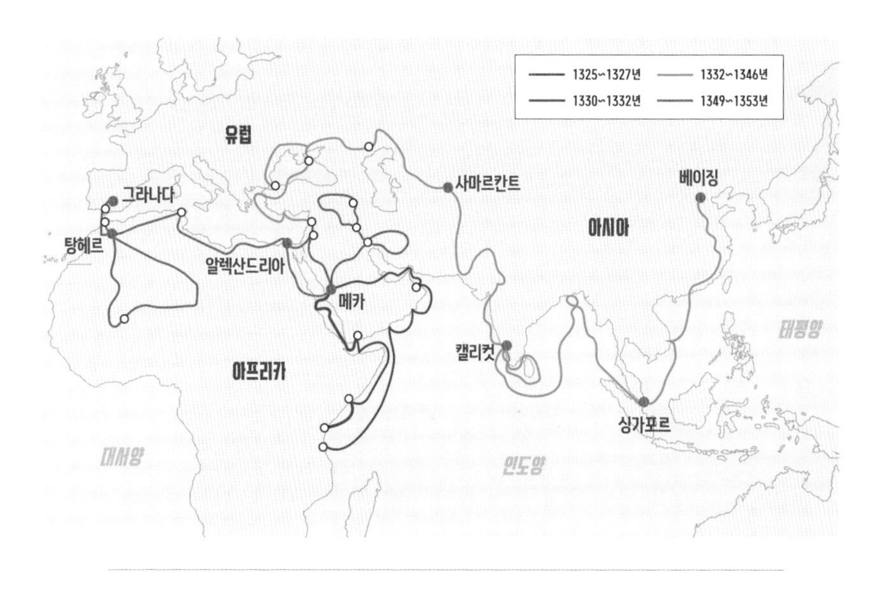

이븐 바투타의 여행 경로

니다. 탕헤르가 고향인 이븐 바투타는 당시 아랍권에서 가장 넓은 지역을 유람한 '위대한 여행가'로 평가받습니다. 무슬림이던 그는 1325년 아라비아반도 메카의 성지를 순례하러 길을 떠났으나 순례(하즈)를 마치고 고향으로 되돌아오는 대신 낯선 곳으로 마음이 끌려 발걸음을 이어갔어요. 지브롤터해협 곁 탕헤르에서 시작한 그의 여정은 당시의 이슬람 국가 대부분을 거쳐 인도네시아 수마트라와 중국에까지 닿습니다. 당시로선 누구도 따라올 수 없는 방대한 공간을 여행한 기억을 더듬어 기념비적인 여행기를 남겼어요. 이븐 바투타는 아랍권에서 콜럼버스와 같은 지위를 갖습니다. 탕헤르 공항, 아랍에미리트 두바이의 대형 쇼핑몰 등 아랍권의 주요 명소에서 그의 이름을 심심치 않게 만날 수 있는 이유입니다. 지브롤터해협에서 태어난 어린 이븐 바투타는 웅대한 경계에서 위대한 여정을 꿈꿨을 거예요.

21세기 지브롤터해협의 흔들리는 지정학적 위상

앞서 이야기했던 그리스신화 속 헤라클레스의 기둥은 오늘날 유럽 대륙의 지브롤터항과 아프리카 대륙의 세우타항을 기점으로 세워졌습니다. 지브롤터해협을 확대하면 바다를 향해 튀어나온 두 곳을 쉽게 찾을 수 있어요. 흥미로운 점은 지브롤터항은 에스파냐가 아닌 영국 소유이고, 세우타항은 모로코가 아닌 에스파냐의 소유라는 것입니다. 에스파냐는 영국과 같은 이유로 지정학적 가치가 남다른 세우타곶을 차지했습니다.

견고했던 지브롤터해협의 위상은 1869년 수에즈운하가 개통되면서 조금씩 금이 갔어요. 수에즈운하 이전에는 지중해를 벗어나는 유일한 길이 지브롤터해협이었어요. 하지만 수에즈운하를 통해 인도양으로 나가는 길이 열리면서 특히 아시아와의 교류가 매우 활발해졌습니다. 아프리카 대륙의 최남단인 희망봉을 돌지 않고도 아시아로 갈 수 있는 새로운 지름길은 유럽과 아시아의 물류 체계에 큰 변화를 불러왔습니다. 물류비용을 절감하는 것이 곧 경쟁력인 국제 분업의 시대라 지브롤터해협의 위상이 예전 같지 않게 된 거지요.

21세기에 접어들면서 지브롤터해협의 위상은 보스포루스해협에도 밀리는 모양새입니다. 보스포루스해협이 관통하는 튀르키예는 1952년 북대서양조약기구(NATO)에 가입했습니다. 이는 지정학적 무게 중심을 흑해 연안으로 옮기는 변곡점이 됐어요. 나토는 구소련을 위시한 공산 세력의 확장을 억제하는 군사동맹입니다. 여기에 튀르키예가 가입한 것은 오늘날 러시아가 지대한 관심을 가진 흑해 연안으로의 진출로를 확실하게 통제하는 효과를 낳았어요. 튀르키예가 러시아에 대응하는 친 서방 세력의 일원이 되기로 결심한 것은 유럽연합(EU) 가입 가능성과 맞물립니다. 2024년 튀르키예 의회는 스웨덴이 튀르키예의 유럽연합 가입을 위해 힘쓴다는 조건으로 스웨덴의 나토 가입을 돕기도 했을 정도니, 가까운 미래에 우크라이나까지 나토에 가입하게 되면 보스포루스해협의 지정학적 위상은 천정부지로 치솟을 수 있습니다. 이처럼 지정학적 위상은 늘 시대의 흐름에 따라 변한다는 점을 염두에 두었으면 합니다.

ZOOM IN 지브롤터해협 곁 아틀라스산맥에 기댄 마그레브 지역

모로코 와르자자트 태양광발전소

아틀라스산맥은 모로코, 알제리, 튀니지에 걸쳐 있습니다. 이들 국가를 한데 묶어 마그레브(Maghreb)라고 부르기도 해요. 마그레브는 아랍어로 '해가 지는 지역' 또는 '서쪽'이라는 뜻입니다. 여기서 서쪽이란 아프리카 대륙 전체의 서쪽이 아니라, 이슬람 문명의 영향이 닿은 북아프리카의 서쪽 지역입니다. 마그레브 지역의 범위를 때에 따라 리비아 일부와 서사하라 및 모리타니까지 확대하여 보는 경우가 있지만, 이슬람 문화권이라는 공통분모는 잃지 않습니다.

아틀라스산맥은 마그레브 지역에 크게 영향을 미치는데, 그 지배력은 산맥이 만드는 공간의 변주에 있어요. 대서양 방향으로 비스듬히 누운 아틀라스산맥은 공교롭게도 중위도대의 시작점인 북위 30° 부근부터 북동-남서 방향으로 뻗어 있어요. 중위도는 일 년 내내 편서풍의 영향을 받습니다. 그래서 대서양과 가까운 마그레브 지역에는 습윤한 공기가 내륙으로 진입할 수 있지요. 하지만 아틀라스산맥이 그 습윤한 공기를 막아섭니다. 아틀라스산맥이 낮고 완만했다면 습윤한 공기의 일부는 반대편으로 넘어갈 수 있겠지만, 높고 뚜렷한 탓에 바람은 운반하던 습기를 산맥을 넘기 전에 모두 내려놓습니다. 아틀라스산맥은 마그레브 지역 중 바다와 접한 지역과 내륙 지역의 기후를 각각 다른 모습으로 연출했어요.

바다에 면한 쪽은 온대기후가 나타나 사람이 살기 적합합니다. 모로코의 주요 도시가 아틀라스산맥 북쪽을 향해 발달한 이유예요. 모로코를 조금 더 자세히 들여다보면 아틀라스산맥을 기준으로 산기슭에는 내륙 최대의 도시 마라케시가 있고, 최대 도시 카사블랑카와 수도 라바트는 모두 해안에 자리 잡았습니다. 마찬가지로 마그레브에 속한 국가인 알제리의 수도 알제와 튀니지의 수도 튀니스 모두 해안에 있어요. 이는 험준한 아틀라스산맥이 살아가기에 적합한 공간은 물론이고 온화한 기후도 내륙에는 허용하지 않아서 생긴 일이에요.

그렇다면 아틀라스산맥 너머의 내륙은 어떤 모습일까요? 예상하다시피 비가 적은 건조기후가 발달해요. 건조기후라도 사람이 살지 말라는 법은 없지만, 물 공급이 해결되지 않는다면 큰 도시가 발달하기 힘듭니다. 하지만 모든 작용에는 반작용이 있는 법. 아틀라스산맥 반대편의 건조 지역은 기후변화 문제가 큰 오늘날, 태양광에너지의 생산지로 주목받고 있습니다. 마라케시에서 아틀라스산맥을 넘으면 세계적인 규모의 와르자자트 태양광발전소를 만납니다. 50만여 개의 태양전지가 해바라기처럼 태양을 쫓으면, 수백만 가구가 사용할 전기가 만들어져요. 와르자자트 태양광발전은 아틀라스산맥이 준 또 다른 선물인 셈이지요.

0°
5°
10°
15°
20°

기후대가 빚은 거대한 대륙의 띠

사하라사막과 사헬 지대

사막의 대명사로 불리는 사하라사막은 아주 넓어요. 위성사진을 보면 북아프리카 일대를 노랗게 수놓은 광대한 사막의 규모에 압도됩니다. 미국은 물론, 러시아를 제외한 유럽 대륙을 거의 덮을 정도의 면적이에요. 하지만 사하라사막은 세계에서 두 번째로 넓은 사막이에요. 남극도 사막이기 때문입니다. 흔히 사막이라고 하면 모래가 많고 선인장이 자라는 건조 사막이 떠오르지만, 비가 극도로 오지 않는 환경은 모두 사막이 될 수 있어요. 남극은 수증기 자체가 거의 만들어지지 않아 비구름이 발달하기 어렵습니다. 극지방의 사막을 한랭 사막, 영구 빙설 사막 등으로 부르기도 하지만, 중요한 것은 연 강수량 250㎜ 미만이라는 사막의 정의를 충족한다는 점입니다.

우리나라에는 연 강수량이 위 조건을 만족하는 곳이 없어요. 남한을 기준으로 비가 가장 적은 곳은 서해 5도에 속하는 백령도입니다. 백령도의 연 강수량은 약 800㎜ 정도예요. 북한으로 시야를 넓혀도 최소우지인 혜산시의 연 강수량은 약 600㎜ 내외입니다. 사막이 될 수 있는 기준을 훌쩍 넘지요.

그래서 사막은 풀 한 포기 자라기 힘든 '불모의 땅'입니다. 하지만 뒤집어 생각하면 사하라사막은 불모의 땅이라 경계로서 기능할 수 있습니다. 생명을 허락하지 않는 일종의 생명 장벽과도 같기 때문이에요. 경계로서의 사하라사막에는 어떤 공간의 이야기가 숨어 있을까요?

압도적 규모의 사막이 만들어진 이유

사하라사막이 어떻게 탄생했는지 이해하려면 아열대고압대에서 출발해야 해요. 아열대고압대가 어떤 곳인지 단어를 하나씩 끊어서 살펴봅시다. 아열대는 열대기후를 감싸는 지역에서 나타나는 기후이고, 고기압은 주변보다 상대적으로 기압이 높은 곳이며, 대(帶)는 띠처럼 지구를 한 바퀴 두르는 형태로 만들어지는 영향권 정도로 이해할 수 있어요. 단어 하나하나에 이미 많은 의미가 담겨 있지만, 하나씩 구체적으로 살펴봅시다.

우선 아열대기후는 엄밀하게는 일 년 중 가장 추운 달의 평균기온과 월평균 기온이 섭씨 몇 도 이상인 달의 수 등을 따져서 분류합니다. 하지만 간략히 보면 아열대기후 지역은 열대기후와 온대기후 사이에 햄버거 패티처럼 낀 공간이에요. 아열대기후가 나타나는 대략적인 위도는 남·북위 약 25~35° 정도입니다. 사하라사막은 북위 15~35°로 여기에 속하지요.

다음으로 고기압대를 살펴봅시다. 고기압대는 주변보다 높은 기압이 나타나는 지역이 띠처럼 발달하는 것을 말해요. 주변보다 기압이 높은 이유는 지표를 향해 바람이 꾸준히 밀려들기 때문입니다. 여기서 중요한 것은 고기압의 속성이에요. 고기압이 발달한 곳은 날씨가 맑습니다. 맑은 날씨는 비구름이 없다는 뜻이고, 비구름이 없다는 것은 지표의 수분이 증발하지 못하는 환경이라는 뜻이지요. 맑고 볕이 쨍쨍해도 증발량이 매우 적은 까닭은 일 년 내내 하강기류, 다시 말해 하늘에서 지표로 내려오는 공기의 흐름이 발생하기 때문입니다.

이쯤에서 생각을 조금 더 넓혀 볼까요? 아열대고압대와 한 쌍으로 다니는 매우 친한 친구가 있습니다. 바로 적도저압대예요. 적도저압대는 이름 그대로 적도 주변에 저기압이 나타나는 띠 모양의 지역을 말합니다. 저기압대는 고기압대와는 반대로 수분의 증발량이 많아 지표 부근의 공기 밀도가 낮아져서 붙여진 이름이에요. 적도 부근은 태양에너지를 수직으로 받아들이므로 단위 면적당 에너지의 밀도가 높습니다. 그렇다면 지표면의 수분이 증발해 하늘로 올라간 수증기는 어떻게 될까요? 맞아요, 비구름이 됩니다. 일 년 내내 비구름이 발달하니 강수량이 많지요. 적도저압대의 영향을 받는 지역에서 열대우림기후가 나타나는 까닭입니다.

정리해 봅시다. 아열대고압대는 적도저압대와는 달리 일 년 내내 비가 거의 오지 않는 지역입니다. 그래서 띠처럼 이어지는 사막이 발달할 수 있어요. 사하라사막이 띠처럼 생긴 이유이지요. 홍해 건너 아라비아반도의 사정도 비슷해요. 아라비아반도의 거의 전부를 차지한다고 할 수 있을 만큼 넓은 아라비아사

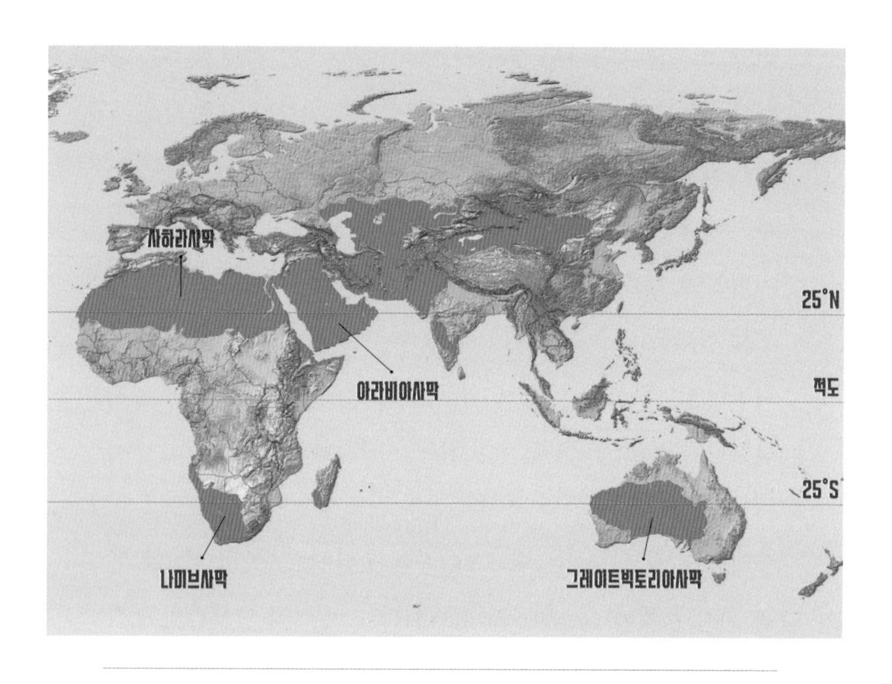

아열대고압대와 사막의 분포. 아열대고압대의 영향권에 드는 지역은 사막이 넓게 발달한다. 비슷한 위도에 있는 인도차이나반도 및 중국에서는 사막이 나타나지 않는 까닭은 여름철 습한 계절풍이 부는 지역이기 때문이다.

막 역시 아열대고압대가 만들어낸 환경입니다. 남반구는 어떨까요? 아프리카 남단의 나미브사막, 오스트레일리아의 그레이트빅토리아사막을 비롯한 여러 사막도 모두 아열대고압대가 빚은 또 다른 사막입니다.

사하라사막의 남쪽 경계, 사헬 지대

사하라사막의 북쪽은 지중해, 서쪽은 대서양, 동쪽은 홍해와 만납니다. 이렇듯 사하라사막은 대부분 지역이 바다와 맞닿아 있지만 남쪽만큼은 달라요. 위성사진으로 봤을 때 녹색과 황색이 섞인 묘한 색을 띠는 공간! 바로 사헬(Sahel) 지대입니다. 사헬은 아랍어로 '가장자리', '변두리'라는 뜻이에요. 이름의 뜻대로 사하라사막과 열대우림의 가장자리이자 경계를 이루는 사헬 지대는 존재감이 남다릅니다.

우선 사하라사막과 바다의 경계부를 살펴봅시다. 사하라사막은 몹시 건조한 터라 생명에게는 극한의 환경 조건이에요. 그래서 이 지역에서는 대부분 해안에 대도시가 발달했습니다. 모리타니의 누악쇼트, 리비아의 트리폴리, 이집트의 알렉산드리아, 수단의 포트수단 등이 대표적이에요. 이 도시들은 각 국가의 수도이거나 해당국에서 인구가 세 손가락 안에 들어요. 해안이라도 강력한 아열대고압대의 영향을 받는 탓에 비가 잘 오지 않아서 도시는 물을 안정적으로 확보하는 게 지상과제입니다. 거대한 사하라사막이 인간을 해안의 경계로 내몬 셈이지요.

사하라사막의 남쪽 경계 지역인 사헬 지대는 내륙의 경계입니다. 황색과 녹색의 중간 지대인 사헬 지대에는 많은 나라가 걸쳐 있습니다. 대륙 서쪽 대서양에서 출발해 동쪽 홍해까지 세네갈, 가나, 부르키나파소, 말리, 니제르, 나이지리아, 차드, 수단, 남수단, 에티오피아 등이 모호한 경계인 사헬 지대에 차례로 늘어서 있어요.

지도를 보면 북아프리카 사하라사막 일대의 국경선은 직선인 경우가 많지만, 사헬 지대의 국경선은 구불구불합니다. 이유는 간단해요. 19세기 말, 아프리카에서 식민지 쟁탈전을 벌이던 유럽 국가들이 자기들끼리 모여 아프리카 지도 위에 분할선을 그었어요. 거주 환경이 불리해서 반발이 적었던 사하라사막에는 편하게 직선으로 긋고, 일정 수준까지는 나무와 풀이 자랄 수 있어서 사하라사막보다 인구 밀도가 높았던 사헬 지대는 각자의 계산에 따라 구불구불하게 그었습니다. 20세기 중반에 아프리카 국가들이 독립하면서 이 식민지 분할선이 국경선의 근거가 되었습니다.

나미브사막이 넓게 펼쳐진 남아프리카의 국경선도 마찬가지입니다. 앙골라, 나미비아, 보츠와나, 남아프리카공화국이 서로 얼굴을 맞댄 국경 대부분이 직선이지요.

흥미롭게도 나미브사막 바로 옆에는 바다가 펼쳐져 있습니다. 세계 최대의 해안사막으로 가치를 인정받아 '나미브 모래 바다'라는 이름으로 유네스코 세계유산에 등재됐어요. 바다와 사

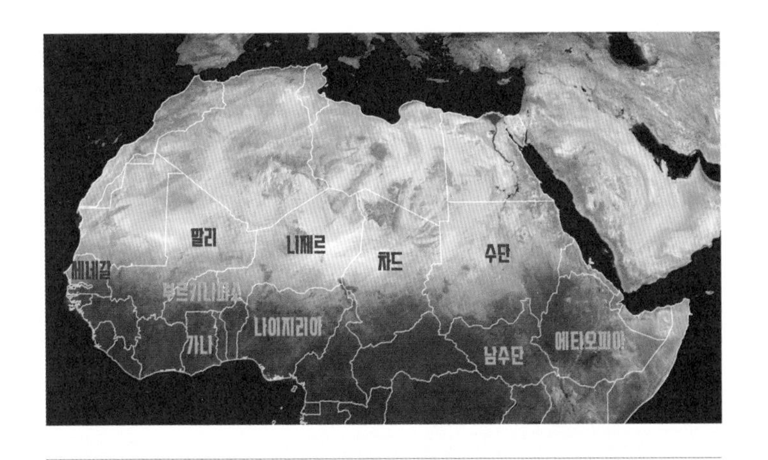

황색으로 보이는 지역은 대부분 사막으로 아열대고압대의 영향을 받는다.
사하라사막 아래로 녹음이 짙은 곳은 열대기후 지역으로 적도저압대의 영향을 받는다.
사막과 열대기후 지역 사이의 희미한 경계가 사헬 지대다.

사막이 분포한 남아프리카의 국경선도 대부분 직선이다.

해안을 따라 발달한 나미브사막

막의 조합이라니, 이토록 신비한 풍경은 어떻게 만들어진 것일까요? 거대한 바다 곁 광활한 모래밭이 탄생한 데에는 역시나 아열대고압대의 강력한 힘이 작용했습니다.

사막화의 대명사, 사헬 지대

사막과 열대기후 지역을 잇는 사헬 지대는 생태적 가치가 높지만, 두 기후대의 경계라는 지리적 특성 때문에 복잡한 일이 생겨나기도 해요. 최근 사헬 지대가 안고 있는 문제는 사막화입니다. 사헬의 사막화는 기후 위기라는 전 세계적 문제와 맞물려 지구촌의 관심을 받고 있습니다.

사막화는 건조 또는 반건조 지역에서 인간이 활동하며 토지가 황폐해지고, 기후변화가 심해지며 강수량이 변덕스러워지는 것이 주된 요인입니다. 사헬 지대도 마찬가지예요. 사헬 지대의 사막화는 사하라사막과 가까운 북부 지역에서 빠르게 진행 중입니다.

사막과 가까운 사헬 북부 지역은 스텝기후에 속해요. 스텝기후도 큰 범주에서는 건조기후에 속하지만, 연 강수량이 500mm 정도는 충족하는 터라 여러해살이풀이 자랄 수 있어요. 사헬 지대의 연 강수량은 대부분 6~8월 사이 여름철에 집중되고, 다른 계절에는 거의 비가 오지 않습니다. 농사를 짓기엔 턱없이 부족한 강수량이지만, 풀이 자라기에 가축을 놓아 기를 수 있어요. 바로 이 지점에서 사막화의 첫 번째 문제가 발생합니다.

그동안 사헬 지대의 전통 유목은 환경이 수용할 수 있는 범위

사헬 지대에 속하는 세네갈 북부 지역의 경관

안에서 이루어져 왔습니다. 사헬 지대 곳곳의 풀을 찾아 떠돌아다니며 생계를 유지할 정도로만 가축을 기르고 음식을 만들었어요. 이른바 적정 인구가 유지된 거지요.

하지만 '아프리카의 해'로 불리는 1960년을 전후로 사헬에 국토를 걸친 국가가 대부분 독립하면서 사헬 지대에도 급격한 변화가 찾아왔어요. 미처 체계적인 관리 제도를 갖추지 못한 상태에서 사헬 지대에 많은 사람이 모였고, 그 결과 무분별한 벌채와 지나친 방목이 이루어졌습니다. 이로써 오랜 시간 자연스럽게 유지돼 오던 유목 체계가 무너져 가고 있습니다. 기후변화에 따른 들쭉날쭉한 강수량도 사헬 지대를 위협하고 있지요.

사막화가 빚은 분쟁의 비극

사헬 지대의 급속한 사막화는 잦은 분쟁을 낳는 씨앗이 되었어요. 사막화와 분쟁은 언뜻 연결 고리가 없어 보일 수 있겠지만, 사막화는 사헬 지대에 살던 사람의 먹고사는 문제나 거주 문제 등 생존과 직결되는 의식주 영역에 심대한 타격을 줍니다. 궁지에 몰린 쥐는 고양이를 무는 법. 생사의 기로에 선 사람은 작은 것을 놓고도 목숨을 걸고 싸울 수 있습니다.

최근 유엔이 조사한 사헬 지대의 상황은 심각함을 넘어 참혹한 수준입니다. 극단적인 가뭄과 극단적인 홍수가 예측 불가능하게 찾아오면서 어린이가 굶어 죽고, 식량이 바닥난 지 오래입니다. 유니세프(유엔아동기금)에 따르면 사헬 지대의 부르키나파소, 말리, 니제르 세 나라에서만 2022년 기준 약 270만 명이 기후 위기로 삶터를 잃고 떠돌이 신세가 되었다고 해요. 사헬 지대는 생명에게 먹을거리를 더는 주지 못하는 사막과 다름없는 불모의 땅이 되어 가고 있습니다.

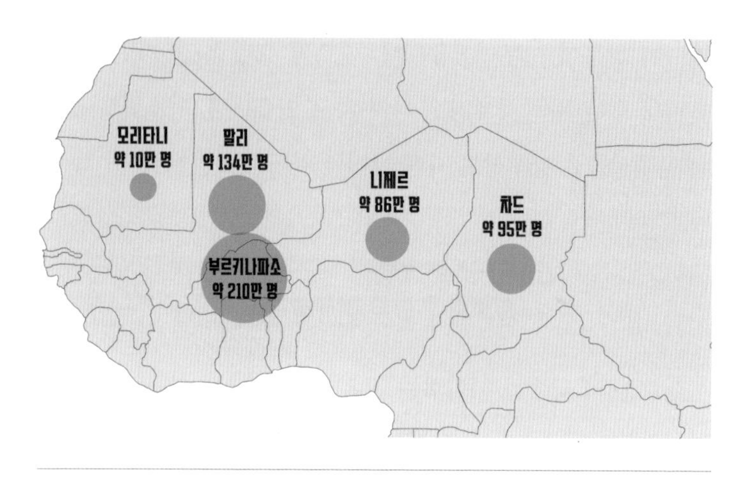

중앙 사헬 지대의 난민 수. 이 수치는 유엔난민기구에 보고된
난민, 망명 신청자, 국내 실향민 등을 합한 수이다.(자료: 유엔난민기구, 2024년 2월 기준)

사헬 지대 국가의 국민 대다수가 농업과 목축업으로 살아가다 사막화로 식량 위기를 겪는 것은 불가피합니다. 그런데 이러한 상황을 극한으로 몰고 가는 일이 곳곳에서 일어나고 있습니다. 바로 소규모 분쟁과 전쟁이에요.

사헬 지대의 분쟁을 조금 더 깊이 이해하려면 사하라사막 일대의 종교를 알아야 해요. 사하라사막은 흥미롭게도 종교의 경계로서도 기능합니다. 이슬람교는 7세기 무렵 아라비아반도를 넘어 북아프리카, 그러니까 사하라사막 일대에 전파됐어요. 반면 사하라사막 이남 지역은 19세기 말부터 서구 열강의 식민 지배가 본격화하면서 대부분 크리스트교가 전파됐습니다. 이러한 양상은 국가별 이슬람교 신자 비율과 크리스트교 신자 비율에서 확연히 드러납니다. 세계에서 신자 수가 가장 많은 크리스트교와 이슬람교는 공교롭게도 사헬 지대를 기준으로 위아래로 나뉘어 확고한 영역을 구축했어요.

사헬 지대에는 다양한 분쟁이 끊이지 않습니다. 이를테면 사헬 지대의 서부 지역에 속하는 니제르, 부르키나파소, 말리 등에서는 2011년 이후 국지전이 늘고 있어요. 리비아의 독재자 무아마르 카다피 정권이 무너지면서 카다피가 키운 무장 세력이 각국으로 흩어져 분쟁에 개입했기 때문입니다. 사헬 지대는 상대적으로 해안 대도시 권역에서 멀리 떨어져 있어 국가 조직의 장악력이 약합니다. 테러 단체가 점조직으로 활동하기 좋은 조건이지요. 특히 종교적 극단주의를 내세우는 무장 단체가 분쟁에 가세하면 상황은 더욱 나빠지기만 하는 경우가 많습니다.

앞서 살펴봤듯이 사헬은 거대 종교의 경계 지역입니다. 종교는 국가의 정치, 경제, 민족(인종) 등 다양한 요소에 영향을 줍니다. 혹여 영토 내에서 자원이 발견되기라도 하면 장기 전쟁으로 이어지기도 해요. 사하라사막에 자리 잡은 이슬람교 중심의 수단공화국과 열대기후에 속한 크리스트교 중심의 남수단 분쟁이 대표적이에요. 수단은 2011년 국민투표를 거쳐 각각 수단공화국과 남수단으로 분리되었지만 분쟁은 끊이지 않고 있습니다. '아프리카의 인종 청소'로 알려진 사헬 지대의 다르푸르 학살은 석유라는 매력적인 자원이 있을 때 벌어질 수 있는 최악의 시나리오라 할 수 있습니다.

건조한 들에도 봄은 오는가

나날이 메말라 가는 사헬 지대에도 봄이 올 수 있을까요? 복잡하게 꼬인 실타래를 풀려면 줄기를 잡아 차근차근 엉킨 부분을 찾고 풀어내야 해요. 사헬 지대의 문제점도 그런 관점에서 접근해야 합니다. 최근 사헬 지대에서 몇 가지 긍정적 변화가 이루어지고 있어요. 그중 '녹색 장벽' 사업이 가장 눈에 띕니다.

사헬 지대에 걸쳐 있는 나라들은 사헬 지대의 파국을 막으려 매우 노력하고 있습니다. 대표적인 사례가 그레이트 그린 월(great green wall), 즉 녹색 장벽 사업이에요. 사헬 지대 북쪽에 나무를 심어 장벽을 만들자는 공동 목표를 여러 나라가 함께 세웠습니다. 나무숲 장벽은 그동안 황폐화한 땅을 복원함과 동시에, 나무의 몸속에 탄소를 저장할 수 있는 묘수입니다. 나무가 제대로 정착하면 뿌리가 토양의 유실을 막아 주고, 사막화가 진행되는 것도 막을 수 있어요. 지하수가 충분히 확보된 지역에서는 나무

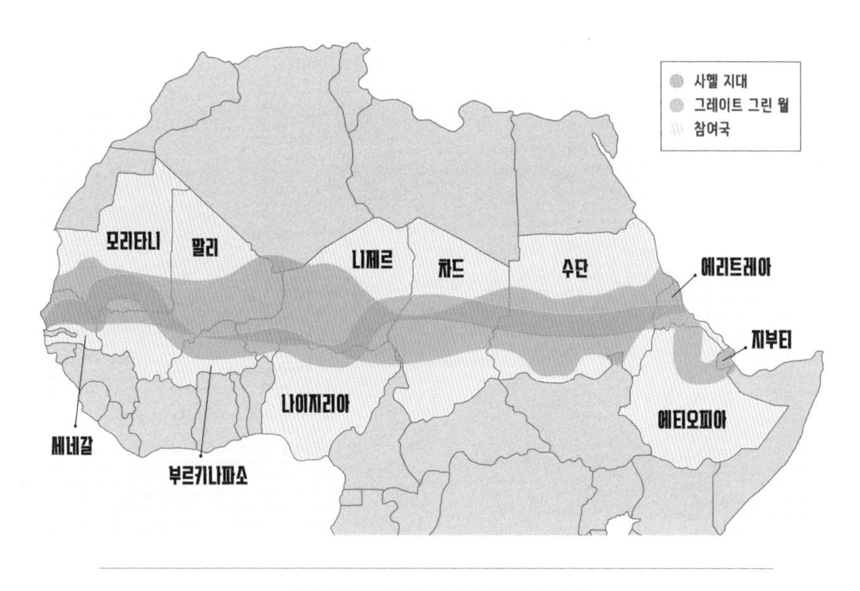

아프리카의 녹색 장벽 사업 참여국과 그 범위

도 생겨나지요.

철저하고 치밀하게 계획을 세워야 하는 터라 중장기적 계획과 관리는 유엔(UN)이 맡았어요. 유엔은 나무 심기에 주민을 참여시켜 환경 보전의 중요성을 피부로 느낄 수 있도록 했습니다. 실제로 녹화 사업에 성공한 니제르는 곡물 생산량이 늘어 원활한 식량 조달이 가능하다는 희망을 보여 주었어요.

녹색 장벽 사업이 차질 없이 진행된다면, 환경 보전 못지않게 사회적 안정도 꾀할 수 있습니다. 기후변화가 점점 빨라지면서

녹색 장벽은 폭 약 15km, 길이 약 8,000km에 달한다.

사헬의 범위가 좁아지면 필연적으로 사헬 북부 지역의 유목민이 남부 지역의 정착 농민과 대립각을 세울 수밖에 없어요. 하지만 녹색 장벽 사업이 성공하면 기후 난민 문제와 그에 따른 국지적 분쟁을 줄일 수 있을 거예요. 인간으로서 최소한의 존엄을 지킬 수 있는 의식주의 해결은 경제적 안정이 뒷받침되어야 합니다. 그 이후 정치적 안정까지 꾀할 수 있다면 그야말로 선순환 구조가 되겠지요.

아프리카 서쪽 세네갈에서 출발해 동쪽 지부티까지 8,000km에 달하는 녹색 장벽은 사헬 지대의 구세주가 될 것이라는 기대를 받고 있습니다. 인도의 타르사막에도 이를 본받아 녹색 장벽을 치고 있다고 해요. 이 사업이 더욱 훌륭한 까닭은 자연을 되살리는 '자연스러운' 모델이라는 데 있습니다. 가능성은 충분합니다. 건조한 들에도 봄은 올 수 있을 거예요.

ZOOM IN

건조 지역에서 물을 구하는 방법

사하라사막 가운데에 있는 와우 안 나무스(Waw an Namus) 화산 분화구.
와우 안 나무스 화산은 신생대에 폭발해 거대한 분화구를 남겼다.
분화구 안에는 지하수가 마치 오아시스처럼 드러나 호수를 이룬다.

사하라사막이나 사헬 지대와 같은 건조기후 지역에서는 물을 안정적으로 확보하는 게 중요합니다. 비가 거의 오지 않는 건조 사막에서 물을 확보한다는 게 어불성설처럼 느껴질 수 있어요. 그도 그럴 것이 뜨거운 태양 아래 증발량이 압도적인 사막에는 댐이나 저수지를 놓을 수도 없으니까요. 여기서 어떻게 물을 구할 수 있을지 의구심이 드는 게 당연해요. 그렇지만 눈에 보이는 게 다가 아니에요. 땅속에 물이 숨어 있기 때문이지요.

사하라사막도 오래전에는 푸른 초원이었습니다. 약 8,000년 전까지만 해도 오늘날 세렝게티 국립공원처럼 초원이 펼쳐져 있었고, 인간은 물론이고 하마, 기린 등 다양한 동식물이 살았어요. 그러나 초원이 사막화되면서 점차 습지가 사라졌지요. 과학자들은 그 이유를 지구 자전축 기울기가 변했기 때문이라고 분석합니다. 오늘날 지구의 자전축은 약 23.5° 기울어져 있는데, 그때는 24.1° 정도였다는 거예요. 자전축의 기울기가 변하면 비가 내릴 수 있는 조건이 내릴 수 없는 조건으로 바뀌기도 해요. 자전축의 기울기는 약 2만 년을 주기로 바뀌었는데, 그에 따라 사하라사막 일대는 초원과 사막을 여러 번 오갔습니다. 사하라사막이 초원이던 시절에 내린 비로 대수층에는 많은 양의 물이 저장되어 있었습니다.

리비아 대수로 공사는 땅속에 잠든 거대한 지하수를 발견하면서 시작됐습니다. 사하라사막의 지하수를 수도 트리폴리를 비롯한 북부 지중해 지역으로 보내는 수로는 길이가 4,000km가 넘어요. 2024년 기준, 애초 계획한 수로 공사를 모두 마치지는 못했지만, 대수로 덕에 넓은 농경지를 확보할 수 있었습니다. 사하라사막의 지하수 일부가 지표에 드러난 사헬 지대의 차드호는 차드, 니제르, 나이지리아, 카메룬의 중요한 식수원이에요. 차드호 주변에서 많은 생물종이 살아갈 수 있었던 이유도 결국 물입니다.

하지만 물 사용량이 늘면서 차드호는 나날이 야위어 가고 있습니다. 인간이 너무 많이 사용한 탓도 크겠지만, 물 공급보다 소비가 큰 구조라 사하라사막 지하수 고갈은 시간문제예요. 여러 지질 시대를 거치면서 꾸준히 저장된 사막의 숨겨진 보물은 인간의 노력으로 되돌릴 수 있는 영역이 아닙니다. 이렇게 보면 사하라사막과 사헬 지대가 앞으로 인류에게 어떤 숙제를 줄지는 명확합니다. 인류가 이곳에 꾸준한 관심을 가져야 하는 이유입니다.

북극해
알래스카
베링해협
북아메리카
캐나다
시에라네바다산맥
미국
멕시코만
대서양
멕시코
카리브해
니카라과
파나마운하
파나마
태평양
에콰도르
남아메리카
안데스산맥

3부

극과 극의 색다름

아메리카

포도밭과 실리콘밸리를 굽어보는
시에라네바다산맥

16세기 중반 에스파냐의 후안 로드리게스 카브리요는 유럽인 최초로 북아메리카 서부, 정확히 말하자면 오늘날 캘리포니아주의 해안을 탐험했어요. 그는 탐험 중에 본 높고 연속된 산맥에 시에라네바다(Sierra Nevada)라는 이름을 붙였습니다. 에스파냐어로 '눈 덮인 산맥'이라는 뜻이에요.

그러고 보니 그의 고향 에스파냐 남부에도 같은 이름의 산맥이 있습니다. 두 산맥 모두 해발고도 3,000m에 달할 만큼 높아 겨울철 설경을 감상할 수 있어요. 에스파냐의 시에라네바다산맥에는 유럽에서 가장 낮은 위도에 위치한 스키장이 있습니다. 깊고 푸른 지중해를 바라보며 스키를 즐기는 일은 에스파냐 시에라네바다산맥이 선사하는 이색 경험이지요.

다시 미국의 시에라네바다산맥으로 돌아와 봅시다. 산맥을 중심으로 서쪽에는 산맥만큼이나 넓은 센트럴밸리가 있고, 상대적으로 낮은 산줄기가 해안에 바짝 붙어 있는 산지를 넘으면 곧바로 태평양이 펼쳐집니다. 동쪽으로는 낮은 언덕이 물결처럼 이어지는 건조한 저지대, 그레이트베이슨과 통합니다. 시에라네바다산맥은 크게 보아 바다와 육지의 경계인 셈입니다. 과연 이 경계 지역은 어떤 공간과 인간의 이야기를 품고 있을까요? 시에라네바다산맥을 이해하러 미국 서부 캘리포니아주로 떠나 봅시다.

캘리포니아의 등뼈, 시에라네바다산맥

시에라네바다산맥은 캘리포니아주에서 가장 뚜렷하고 연속적인 산줄기를 이룹니다. 그래서일까요? 시에라네바다산맥의 별명은 '캘리포니아의 등뼈'입니다. 앞서 여러 장에서 살펴봤듯 뚜렷하고 연속된 산줄기는 판의 경계와 가까운 지점에서 만들어지는 경우가 많아요. 시에라네바다산맥도 마찬가지입니다. 구체적으로는 태평양판과 북아메리카판의 경계예요.

해양판인 태평양판과 대륙판인 북아메리카판은 성질이 다릅니다. 두 판이 만나면 상대적으로 평균 밀도가 높은 해양판이 대륙판 밑으로 서서히 기어들어 갑니다. 해양판이 아량을 베풀어 고개를 숙이는 동안 크고 작은 일이 발생하는데, 가장 대표적인 것은 마그마의 생성입니다.

해양판이 어느 정도의 각을 이뤄 대륙판 밑으로 파고드는 과정을 상상해 봅시다. 거대한 크기의 판과 판이 얼굴을 맞대다 보니 아무리 해양판이 고개를 숙인다 해도 큰 마찰력이 생길 수밖에 없어요. 그래서 두 판의 접촉면에서 높은 열이 발생하고, 고열로 인해 지각이 녹아(용융) 마그마가 만들어집니다. 지하 깊은 곳에서 펄펄 끓는 마그마는 에너지를 주체하지 못하고 탈출구를 찾습니다. 마그마는 조금이라도 틈이 보이면 지각을 뚫고 나갈 땅속 5분 대기조이지요.

어떤 마그마는 운이 좋아 탈출에 성공하지만, 그렇지 못한 마그마는 그대로 굳어 오랜 시간 땅속에서 겨울잠을 잡니다. 탈출에 성공한 마그마는 화산이라는 옷을 입고 존재를 증명하지요. 그 대표 주자가 화산암입니다. 땅속에 갇혀 굳은 경우 자신의 존재를 알리려면 매우 오랜 시간을 견뎌야 해요. 하지만 인고의 시간이 긴 만큼 단단하고 치밀한 암석으로 탈바꿈합니다. 그 대표 주자가 화강암입니다. 시에라네바다산맥의 몸을 이루는 주된 암석은 둘 중 화강암이에요. 이는 시에라네바다산맥의 바탕이 본디 땅속에 있었음을 알려 줍니다.

시에라네바다산맥의 뿌리를 알았으니, 어떻게 그 뿌리가 연속적이고도 뚜렷한 산줄기가 되었는지를 알아봅시다. 결론부터 말하자면 두 판이 만날 때 땅속에 있던 지각이 들어 올려진 결과입니다. 그런데 그 과정이 독특합니다. 시에라네바다산맥은 태평양판의 아주 작은 일부가 완전히 땅 밑으로 숨어드는 과정에서 북아메리카판이 그 위를 올라타며 발생한 힘으로 만들어졌어요. 이 힘으로 뿌리 암반이 땅 위로 솟아올라 산지가 만들어졌고, 태평양판 일부가 자취를 감추면서 태평양판과 북아메리카판의 경계가 땅 위로 모습을 드러냈어요. 그게 바로 샌앤드레이어스 단층입니다. 샌앤드레이어스 단층은 세계적으로도 매우 보

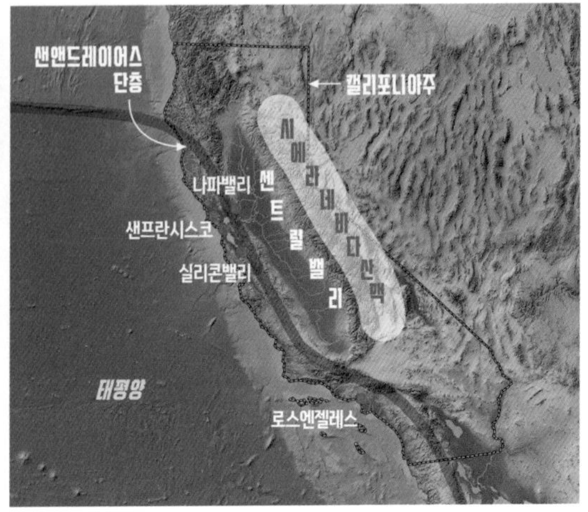

샌앤드레이어스 단층 사진(왼쪽)과 시에라네바다산맥 일대의 지도(오른쪽)

기 드문, 땅 위로 모습을 드러낸 판의 경계예요.

샌앤드레이어스 단층은 특이하게도 판과 판이 평행하게 미끄러집니다. 두 판이 수평으로 비껴가는 곳에선 지진이 자주 일어나요. 1906년 샌프란시스코 일대를 강타한 규모 7.8의 대지진은 그중에서도 가장 강력했지요. 이 지진으로 도시 대부분이 붕괴되고, 3,000여 명이 목숨을 잃었어요.

그래서인지 샌앤드레이어스 단층은 미국 할리우드 슈퍼 히어로 영화의 단골 소재가 되기도 해요. 1978년 영화 〈슈퍼맨〉에서 악역이 샌앤드레이어스 단층에 미사일을 떨어뜨려 지진을 일으

켰고, 근육질 배우 드웨인 존슨은 2015년의 재난 영화 〈샌 안드레아스〉에서 가족을 구출하는 영웅으로 등장했어요. 모두 샌앤드레이어스 단층의 지리적 특징과 밀접한 관련이 있지요.

세계 국립공원의 요람, 요세미티

시에라네바다산맥은 자연환경이 매우 아름다워요. 타호 국유림, 엘도라도 국유림, 요세미티 국립공원, 킹스캐니언 공원, 시에라 국립공원, 세쿼이아 국립공원 등 시에라네바다산맥이 곧 하나의 거대한 국립공원이라 해도 손색이 없을 정도로 많은 공원을 품고 있습니다. 겨울철 눈 덮인 시에라네바다 산줄기는 산허리의 푸른 숲과 어우러져 아름다운 풍경을 자아냅니다. 그중 시에라네바다산맥의 백미는 아무래도 요세미티 국립공원이에요.

요세미티 국립공원은 1984년 유네스코 세계자연유산으로 등재될 정도로 보존 가치가 높고 경관이 뛰어납니다. 요세미티 일대가 국립공원으로 지정된 이야기는 자못 흥미로워요. 때는 캘리포니아에 골드러시가 한창이던 19세기 중반으로 거슬러 올라갑니다.

광풍과도 같던 미국과 유럽의 골드러시로 아름다운 비경을 간직한 요세미티의 존재가 세상에 알려졌어요. 이후 요세미티 방문객이 기하급수로 늘었고, 그 틈을 타 개발의 바람이 요세미티를 접수할지도 모른다는 불안감이 엄습했어요. 신이 내린 축복이라 불릴 만큼 아름다운 요세미티가 개발의 덫에 빠져 본연의 모습을 잃는 일이 결코 일어나서는 안 된다고 여긴 이가 있었습니다. 바로 자연 보호론자 존 뮤어와 게일런 클라크입니다.

시에라네바다산맥을 사랑한 존 뮤어는 이곳에서 느낀 바를 오랜 시간에 걸쳐 다양한 형식의 글로 남겼어요. 그가 남긴 글은 요세미티 계곡, 세쿼이아 국립공원의 아름다움을 널리 알리는 계기가 되었지요. 그는 아름다운 자연을 훼손하는 일은 재앙과도 같다고 여겼습니다. 그리고 자연보호 단체인 시에라 클럽을 만들어 시에라네바다산맥을 철저히 보존하는 방향으로 여론을 이끌었어요. 게일런 클라크는 특히 요세미티 지역을 보호하는 데 앞장섰습니다. 그는 요세미티의 아름다움에 매료돼 이 지역의 보호에 사활을 걸고 의회를 설득했지요.

이와 같은 노력은 1864년 〈요세미티 계곡 보조금법〉에 에이브러햄 링컨 대통령이 서명하며 열매를 맺었습니다. 미국 역사상 처음으로 공공의 이익과 환경 보존을 위해 대지를 법으로 보호하게 된 거예요. 이 법안이 출발점이 되어 미국 제18대 대통령 율리시스 S. 그랜트는 1872년 옐로스톤 지역을 국립공원으로 지정하는 법안에 서명했어요. 미국 제1호이자 세계 최초 국립공

세계 최초 국립공원인 미국 옐로스톤 국립공원.
미국에서 가장 큰 온천인 그랜드프리즈매틱 온천이 이곳에 있다.

원이 탄생한 순간이었지요.

옐로스톤의 뒤를 이어 요세미티가 미국 제2호 국립공원으로 지정됐습니다. 그도 그럴 것이 요세미티를 처음 방문한 사람은 한결같이 웅장하고 아름다운 경관에 매료됩니다. 요세미티 국립공원의 절경을 책임지는 것은 기반암인 화강암이에요. 앞서 이야기했듯 시에라네바다산맥의 뿌리인 화강암이 지표 위로 드러나 거대한 산줄기를 이룬 건 샌앤드레이어스 단층 곁이라 가능

요세미티 국립공원의 엘캐피탄과 하프돔

했어요. 오래된 외피를 벗어 던진 화강암은 요세미티를 아름답게 수놓았습니다. 스포츠 의류 노스페이스의 로고이기도 한 하프돔(2,694m)은 세계인의 발길을 잡아 끄는 요세미티 국립공원의 대표적인 명소입니다. 하프돔과 마찬가지로 요세미티의 얼굴이라 할 수 있는 엘캐피탄 또한 기반암은 화강암이에요.

요세미티 국립공원에는 매년 400만 명이 넘는 방문객이 온다고 해요. 자연이 전하는 아름다움은 언어로 표현하기 힘든 무언가가 있는 듯합니다. 아름다움에 관한 인문학적 견해 가운데 눈

길이 가는 것이 하나 있어요. 포스텍 IT융합공학과 김진택 교수는 "아름다움을 추구하는 것은 현실적인 효용을 넘어 다가올 미래의 효용 가능성을 획득하려는 실존적 행위"라고 말합니다. 그렇게 보니 국립공원을 지정하고 자연을 보호하는 것은 인간에게 지속 가능한 효용을 제공하는, 즉 아름다움을 추구하는 행위와 닿는다고 볼 수 있겠네요.

시에라네바다산맥 서쪽 비옥한 땅, 센트럴밸리

시에라네바다산맥 서쪽에는 거대하고 광활한 센트럴밸리(Central Valley)가 있습니다. 센트럴밸리는 태평양에 접한 해안선과 시에라네바다산맥 사이에 남북으로 좁고 길게 펼쳐져 있어요. 태평양에서부터 순서대로 짚어 보면, 해안을 따라 발달한 좁은 산맥을 지나 센트럴밸리를 통과하면 시에라네바다산맥을 만나는 구조예요. 이들 지형은 모두 샌앤드레이어스 단층의 방향과 일치합니다. 앞서 설명했듯이 태평양판의 일부가 자취를 감추는 과정에서 들어 올려진 게 시에라네바다산맥이라면, 그 반대급부로 움푹 내려앉은 곳이 센트럴밸리이지요.

센트럴밸리는 미국에서 손에 꼽는 농업 지역이에요. 센트럴밸리의 위성사진을 보면 온통 초록의 물결입니다. 사진을 확대해 보면 격자 모양, 원 모양으로 이루어진 각양각색의 농경지를 확인할 수 있어요. 시에라네바다산맥이 주로 단단한 화강암으로 이루어져 있다면, 센트럴밸리는 오랜 시간 물질이 쌓여 만들어진 퇴적 지층으로 이루어져 있습니다. 시에라네바다산맥에서 깎여 나온 물질이 푹 꺼진 땅에 수천 년간 꾸준히 공급된 결과이지요.

낮고 평평하고 거대한 분지 형태의 계곡에서는 매년 300여 가지의 다양한 작물이 재배됩니다. 대표적 작물은 감귤류, 포도, 토마토, 채소, 견과류예요. 이는 미국 중부의 대평원에서 주로 옥수수와 콩을 재배하는 것과는 다릅니다. 센트럴밸리에서 감귤류나 포도 등을 재배할 수 있는 까닭은 온전히 기후 덕이에요. 센트럴밸리는 1년에 300일 가까이 태양에너지를 받을 수 있을 정도로 쾌청한 날씨가 이어집니다. 그도 그럴 것이 센트럴밸리는 대부분 지중해성 기후 지역이에요. 지중해성 기후는 유럽에만 있지 않아요.

센트럴밸리는 북위 약 35°에 있어요. 같은 위도를 따라 유럽으로 가보면 정확히 지중해 중앙에 닿습니다. 비슷한 위도라 북반구의 여름철인 8월경이 되면 센트럴밸리도 뜨겁고 건조한 아열대고압대의 영향권에 들어요. 그래서 유럽의 지중해 지역처럼 여름이 덥고 건조하지요.

나파밸리의 포도농장. 뒤편에 시에라네바다산맥이 보인다.

센트럴밸리의 북서쪽에는 세계적으로 인지도가 높은 와인 산지 나파밸리가 있습니다. 전 세계 와인 생산량에서 차지하는 비중은 1%가 채 되지 않지만, 품질은 최상급으로 평가받아요. 나파밸리 역시 지중해성 기후의 조건을 만족하지요.

여름철이 뜨겁고 건조한 센트럴밸리는 물을 대는 게 중요한 과제입니다. 센트럴밸리의 물은 대부분 관개시설을 통해 얻어요. 관개시설은 물을 대고 빼는 설비를 말합니다. 센트럴밸리에 공급되는 물은 상당수가 시에라네바다산맥의 눈이 녹은 물과 지하수예요. 비가 적은 곳의 토양은 유기물이 씻겨 나가는 일이 적어 비옥한 편이니, 물 관리만 제대로 되면 센트럴밸리는 농사 짓기에 아주 좋은 땅인 셈입니다.

첨단 산업의 메카, 실리콘밸리

거대한 센트럴밸리를 지나 서쪽 태평양 방면으로는 샌앤드레이어스 단층이 만든 작은 밸리가 무수히 이어집니다. 이들 중 가장 유명한 밸리는 실리콘밸리예요. 실리콘밸리는 행정구역명은 아닙니다. 캘리포니아주의 샌타클래라, 샌머테이오, 앨러미다, 샌타크루즈 이렇게 네 개의 카운티를 포괄해서 부르는 이름이 실리콘밸리예요.

제주도 면적의 약 2.6배인 실리콘밸리는 21세기 정보통신 혁명을 거치며 세계에서 가장 유명한 지역의 반열에 올랐어요. 세계 첨단 산업의 아이콘이 되기 전에는 센트럴밸리와 마찬가지로 농사가 주를 이뤘습니다. 과수원에서 체리와 딸기를 재배하고, 밭에서 채소와 마늘을 재배하던 평범했던 이곳이 반도체 산업의 핵심 소재인 실리콘이 각광을 받으며 실리콘밸리로 환골탈태했습니다.

실리콘밸리에 있는 애플의 본사

실리콘밸리의 출발엔 미국 서부의 명문인 스탠퍼드대학이 있었어요. 스탠퍼드대학 출신인 윌리엄 휼렛과 데이비드 패커드가 차고에서 창업한 휼렛 패커드(Hewlett Packard, HP)는 실리콘밸리의 발상지로 여겨집니다. 스탠퍼드대학은 미국 최초로 산업단지와 대학 간 협력체를 구축해 실리콘밸리가 발전하게 되는 도화선이 되었어요. 실리콘밸리의 성장세에 기름을 부은 것은 스티브 잡스와 빌 게이츠로 대변되는 개인용 컴퓨터 산업의 등장입니다. 실리콘밸리는 하드웨어와 소프트웨어 산업의 고른 성장을 이끌었고, 이 틈을 타 애플사의 매킨토시(MAC)와 마이크로소프트사의 윈도즈(Windows)가 시장에 자리 잡을 수 있었지요.

개인용 컴퓨터와 스마트폰의 혁명기를 거친 실리콘밸리는 최근 인공 지능(AI) 시장에 진력하고 있습니다. 21세기 초만 하더라도 '빅 데이터와 알고리즘'이 실리콘밸리를 지배했는데, 10년새 동향이 '인공 지능'으로 바뀐 모양새예요.

한때 지나치게 높아진 임대료 및 세금으로 실리콘밸리의 젠트리피케이션(도심 인근의 낙후 지역에 고소득층의 주거 지역이나 고급 상업가가 새롭게 형성되면서 원주민이었던 저소득층이 밀려나는 현상)을 우려하는 목소리가 커졌습니다. 그럼에도 스탠퍼드를 위시한 UC버클리, 캘리포니아공과대학 등이 배출하는 우수한 엔지니어는 실리콘밸리가 여전히 세계 최고의 첨단 산업 단지로 자리매김할 수 있도록 만드는 든든한 뒷배입니다.

산맥 동쪽에 기댄 또 다른 공간, 데스밸리

시에라네바다산맥 동쪽으로는 서쪽과는 사뭇 다른 느낌을 주는 '거대한 분지'라는 뜻의 그레이트베이슨(Great Basin)이 넓게 뻗어 있어요. 네바다주와 유타주에 걸쳐 있는 이 지역은 건조한 내륙 분지의 성격을 띱니다. 그레이트베이슨의 지리적 특징을 가장 잘 나타내는 곳은 죽음의 계곡이라는 뜻의 데스밸리(Death Valley)입니다.

데스밸리는 시에라네바다산맥 방향으로 깊이 팬 공간이에요. 파인 정도가 심한 곳은 해수면보다 약 80m 낮을 정도로 깊습니다. 독특한 지형 조건을 가진 데스밸리는 여름철 기온이 50℃를 넘기는 일이 부지기수예요. 더운 것으로는 세계에서 한 손에 꼽을 정도지요. 외계 행성의 이야기를 그린 영화 〈스타워즈〉의 촬영지로 선택될 정도로 데스밸리의 경관은 불모의 땅, 그 자체의 느낌을 연출합니다.

데스밸리를 포함한 그레이트베이슨 지역은 어째서 이렇게 건조하고 뜨거운 걸까요? 핵심 원인은 역시 시에라네바다산맥이에요. 캘리포니아의 등뼈 시에라네바다산맥은 높게 곧추선 까닭에 태평양의 습윤한 공기가 반대편 지역으로 넘어가는 걸 허락하지 않습니다. 태평양에서 다가오는 습윤한 공기는 시에라네바다산맥 서쪽 지역에 가지고 있는 수증기를 모두 내려놓고, 극히 건조한 바람이 되어 산맥을 넘습니다. 이른바 푄 현상이 나타나는 거예요. 건조한 데스밸리엔 소금 호수가 발달할 정도이니, 천연 염전이라 불러도 어색하지 않아요.

몹시 건조한 사막에서도 사람은 살아갑니다. 그레이트베이슨 지역의 도시는 대부분 지하수와 저수지에 의존해요. 지하수에

단테의 전망대에서 바라본 데스밸리 배드워터(Badwater) 분지 전경.
거대한 분지 계곡에 소금 호수가 발달해 있다. 해수면보다 86m 정도 낮다.

의존하는 도시는 그 이름에 우물을 뜻하는 스프링(spring)이 붙곤 하는데, 그레이트베이슨에서는 이런 이름을 가진 도시를 여럿 발견할 수 있어요.

저수지에 의존하는 대표적인 도시는 네바다주의 라스베이거스예요. 라스베이거스는 건조한 사막의 가운데 있지만, 지하수 일부가 노출된 오아시스 덕에 19세기 초부터 사람이 모일 수 있었어요. 오아시스를 품은 작은 도시는 1931년 콜로라도강의 허리를 막는 후버댐이 건설되며 네바다주 전체 인구의 약 3분의 2가 밀집하는 위락과 휴양의 도시로 급성장했습니다. 그랜드캐니언을 비롯해 여러 계곡을 굽이치는 콜로라도강의 물줄기는 흥미롭게도 내륙 깊숙이 있는 로키산맥의 눈이 녹은 물로 채워집니다. 건조한 지역이라도 다양한 지리적 변수에 따라 물이 공급될 수 있다면 생명은 꽃을 피울 수 있어요.

ZOOM IN

샌앤드레이어스 단층이 만든 금문교

금문교(골든게이트교)의 모습

샌프란시스코는 로스앤젤레스와 더불어 캘리포니아주의 축이 되는 대도시입니다. 샌프란시스코를 중심으로 위로는 와인으로 유명한 나파밸리, 아래로는 첨단 산업으로 유명한 실리콘밸리가 있어요. 실리콘밸리와 나파밸리를 오가는 길은 여럿이지만 여행자라면 소요 시간에 상관없이 십중팔구 이 다리를 건널 수밖에 없어요. 바로 금문교(Golden Gate Bridge)입니다.

금문교는 명실상부 샌프란시스코를 대표하는 상징물입니다. 금문교의 교각은 이름처럼 실제 금을 사용해 만든 건 아니에요. 금문교가 놓인 해협의 이름이 '골든게이트'여서 그렇게 이름이 붙여졌지요.

샌프란시스코의 성장은 19세기 골드러시로 거슬러 올라갑니다. 시에라네바다산맥에서 발원한 아메리칸강 지류에서 1848년 금이 발견되면서 미국 동부는 물론 유럽, 중국, 일본, 오스트레일리아 등 세계 각지에서 사람들이 몰려들었어요. 금을 찾는 수많은 사람의 이동은 그야말로 '러시(급작스럽고 세찬 움직임)'였지요. 샌프란시스코 인구도 이때 급속히 늘었습니다. 골드러시 이전에는 약 1,000명에 불과했던 인구가 겨우 2년 만에 약 2만 5,000명으로 늘어났어요. 태평양을 낀 항구 도시에 금을 향한 인간의 욕망이 자연스럽게 모여 대도시로 성장할 수 있었지요.

시에라네바다산맥의 금 매장량은 상당했어요. 금은 오래된 지층에서 발견되는 경우가 많습니다. 그리고 샌앤드레이어스 단층은 골든게이트해협을 만드는 데 일조했어요. 좁고 날카롭게 발달한 단층은 넓은 샌프란시스코만의 형성에 관여했고, 좁은 골든게이트해협을 통해 수많은 배가 태평양을 드나들 수 있도록 해주었습니다. 그 해협을 가로지르는 다리가 금문교이니, 시에라네바다산맥과 샌앤드레이어스 단층이 금문교 탄생에 영향을 준 셈입니다. 금문교는 바다로부터 67m나 높은 지점에 세워졌어요. 좁은 해협이 바다로 나아가는 유일한 길이니 큰 선박의 이동도 자유로워야 했기 때문입니다.

무궁무진한 매력의 남미, 비밀은
안데스산맥

안데스산맥은 지구에서 가장 긴 산맥이에요. 그것도 동서가 아닌 남북으로 길어 존재감이 상당하지요. 파나마지협 아래 남아메리카 서쪽 해안을 따라 좁고 길고 매우 뚜렷하게 발달한 산줄기는 대륙의 시작부터 끝까지 함께합니다. 산줄기가 대륙을 종단하는 모양새라 안데스산맥은 그 자체로 뚜렷한 경계로 기능해요. 안데스산맥을 중심으로 동부와 서부의 차이를 만들어 내는 것은 기본이고, 남북으로 위도에 따라 다양한 공간의 변화를 보여 줍니다. 그래서 안데스산맥을 제대로 파악하면 남아메리카를 오롯이 이해할 수 있습니다.

남북으로 뚜렷하게 발달한 안데스산맥이니 위도에 따라 달라지는 공간의 특성에 주목하는 게 좋겠네요. 하천을 상·중·하류로 나누면 다양한 지형 요소를 만날 수 있듯, 안데스산맥을 위도별로 나누면 점점 달라지는 공간의 이야기를 만날 수 있습니다. 남아메리카 대륙이 북위 10°에서 적도를 지나 남위 55°에 걸쳐 있으니, 이와 같은 접근은 땅의 스펙트럼을 넓게 펼쳐 보는 일입니다. 남아메리카의 머리에 해당하는 적도에서 시작해 남위 20°, 남위 35°, 남위 50°로 내려가며 특징을 살펴봅시다!

길고 긴 안데스산맥의 탄생

거대한 산줄기가 만들어지려면 판의 경계 주변이어야 합니다. 안데스산맥은 대륙판인 남아메리카판과 해양판인 나스카판의 관계 속에서 큰 틀이 형성됐어요. 해양판과 대륙판이 만나면 상대적으로 밀도가 높은 해양판이 대륙판 밑으로 기어들어 간다는 사실, 이제는 잘 알고 있지요? 이러한 상황이 연출되면 그 과정에서 해양판 일부가 녹아 마그마가 됩니다. 펄펄 끓는 마그마는 바깥으로 나갈 기회가 되면 그곳이 어디든 무조건 돌진해요. 마치 풍선에 갇힌 헬륨 가스처럼 바깥세상으로 나가려 고군분투하는 마그마는 해방의 순간이 오면 화산이 되어 모습을 드러냅니다. 안데스산맥을 따라 열 지어 발달한 거대한 화산 행렬은 바로 이렇게 만들어졌어요.

눈썰미가 좋은 사람이라면 안데스산맥의 화산이 해안에서 큰 걸음으로 물러서 있다는 점을 알아챌지도 모르겠네요. 해안은 바다와 육지가 만나는 곳이지, 판과 판이 만나는 곳이 아니라는 점을 기억해야 해요. 실제로 마그마가 만들어지는 곳은 지구의 가장 바깥 부분에서 상대적으로 약한 연약권이에요. 연약권은 거대한 대륙의 땅을 부표처럼 떠받드는 곳이지요. 대륙판의 밑을 파고드는 해양판이 연약권까지 도달해야 하니, 해안에서 대

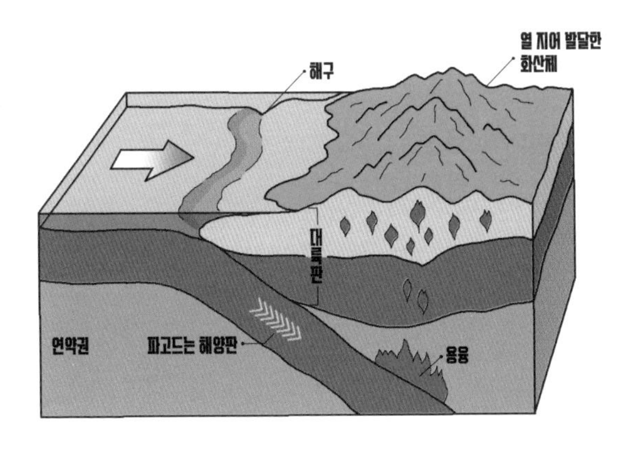

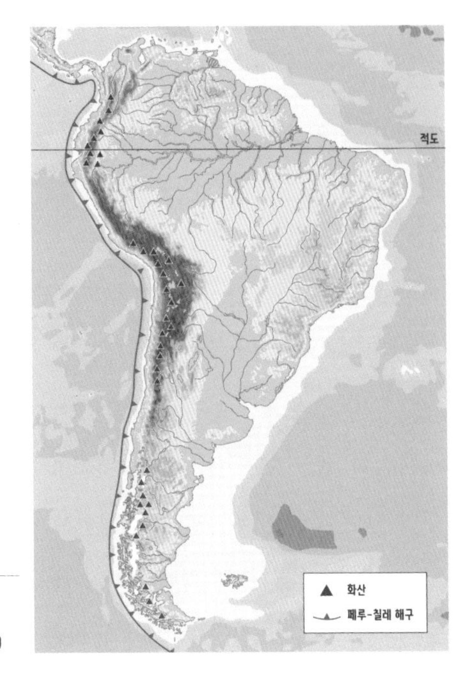

안데스산맥의 탄생 과정(위)과
안데스산맥의 화산 분포(오른쪽)

륙 깊숙한 곳까지 들어간 지점에서야 마그마가 만들어집니다. 그 마그마가 분출해 화산이 되는 것이지요. 남북으로 긴 화산 행렬이 대륙 내부에서 나타나는 이유입니다.

여기에 한 가지 조건만 더하면 안데스산맥 탄생기를 매듭지을 수 있어요. 바로 습곡과 단층 작용입니다. 해양판이 대륙판 아래로 고개를 숙여 들어가는 과정에서 바닷속에 퇴적된 물질은 밑으로 들어가기보단 그 자리에 남는 경우가 많아요. 이들 퇴적물이 판과 판이 힘 싸움을 하는 도중에 위로 솟구쳐 오르면 거대한 습곡 산지가 만들어집니다. 습곡이란 땅이 휘는 작용을 가리키는데, 그 힘이 강하고 퇴적물이 많으면 높은 산지가 만들어질 수 있어요. 이런 경우에는 앞서 살펴본 알프스산맥처럼 과거에 바다였던 공간이 산 중턱에 올라앉을 수도 있지요.

적도에서 온화한 기후를 만나다

적도는 뜨겁습니다. 단위면적당 받는 태양에너지의 양이 많아 사시사철 평균 기온이 높고 습하지요. 하지만 안데스산맥 고지대의 적도 지역은 예외입니다. 해발고도가 워낙 높아 일 년 내내 기온이 15℃ 내외로 온화한 열대고산기후가 나타나기 때문이에요. 적도인데도 고산 지역이라 온화한 기후가 나타난다는 뜻에서 열대고산기후, 혹은 늘 봄과 같은 기후가 이어진다고 하여 상춘기후라고도 부릅니다.

대기권 내에서는 대체로 해발고도가 1km 높아질 때마다 평균 6.5℃씩 기온이 낮아져요. 적도의 킬리만자로산(5,895m) 정상부에서 만년설을 볼 수 있는 것도 이 때문이지요. 남향 사면인지 북향 사면인지, 주변에 눈이 많은지 적은지, 식생으로 덮여 있는지 아닌지 등 기온을 결정하는 변수는 다양하지만, 확실한 것은 해발고도가 높아질수록 적도라는 조건은 힘을 잃어버리게 된다는 거예요. 온대의 고지대인 우리나라 대관령(832m)이 한여름에도 에어컨을 거의 가동하지 않아도 될 만큼 선선한 날씨를 뽐내는 것처럼 말이에요.

일 년 내내 온화한 기후는 사람을 불러 모았어요. 대표적인 곳이 에콰도르의 수도 키토입니다. 에콰도르(Ecuador)라는 국명은 적도(equator)를 지나는 국토의 위치 특성을 드러냅니다. 키토는 시내 중심부가 거의 적도에 닿아 있어요. 적도에 있는 도시라 더울 것 같지만, 해발고도 2,850m라는 조건 덕에 키토는 열대가 아닌 온대기후가 나타납니다. 백두산 정상보다 높은 곳에 도시가 있는 격이에요. 키토의 도심에선 봉우리가 만년설로 덮인 코토팍시산(5,897m)을 볼 수 있습니다. 코토팍시산은 지리적으로 탄자니아의 킬리만자로산과 대칭을 이루는 화산이에요.

키토에서 바라본 코토팍시산의 모습

안데스산맥 오른편으로는 압도적인 규모로 발달한 열대우림이 펼쳐져 있습니다. 바로 아마존의 숲이에요. 아마존 분지의 열대우림은 브라질을 포함해 주변 여러 국가에 걸쳐 있을 정도로 매우 넓어요. 지구 대기 산소의 약 20%를 생산해 '지구의 허파'로 불리지요. 오랜 시간 인간의 간섭을 받지 않고 자생한 숲이다 보니 생물 다양성 또한 매우 높습니다. 똑같은 적도인데도 이렇게 안데스산맥 동쪽으로 열대우림이 탁월하게 발달한 까닭은 뭘까요?

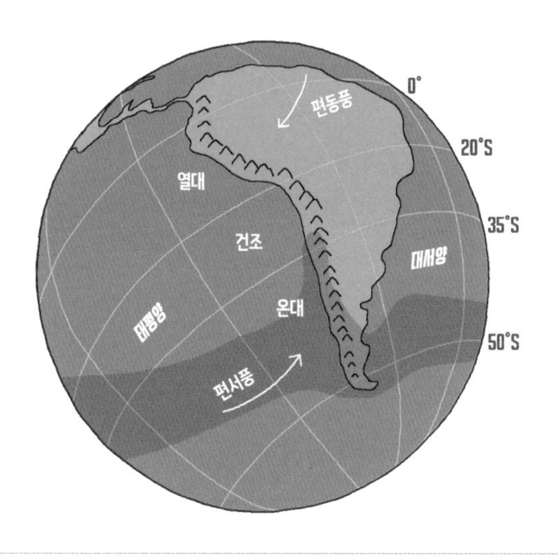

남아메리카의 주요 바람 흐름.
안데스산맥은 주요 대기 순환 양상을 억제하는 장벽 역할을 한다.

남반구의 저위도에 해당하는 적도부터 남위 30° 사이에서는 편동풍이 불어요. 편동풍은 동에서 서로 치우쳐 부는 바람입니다. 지도를 보면 동쪽에서 서쪽으로 불어오며 대서양의 습기를 잔뜩 머금은 편동풍이 안데스산맥에 부딪혀 지형성 강수를 내릴 수 있음을 확인할 수 있어요. 더 중요한 건 습윤한 바람이 일 년 내내 꾸준히 공급되는 지리적 조건이에요. 그 결과 열대우림 기후가 나타나지요.

남위 20°, 열대기후와 사막이 공존하는 곳

남위 20° 선을 살펴보면 안데스산맥을 중심으로 왼쪽은 아타카마사막이, 오른쪽으로는 열대림이 발달해 있습니다. 아타카마사막은 '세계에서 가장 건조한 사막'이라는 수식어를 가질 정도로 메말랐지만, 열대림은 아주 습기가 많은 환경이에요. 어째서 동전의 앞뒷면처럼 전혀 다른 경관이 연출되는 걸까요? 결론부터 말하자면 안데스산맥 때문입니다.

아타카마사막을 만드는 지리적 원인으로 첫손에 꼽을 수 있는 것은 푄 현상을 일으키는 높은 산줄기예요. 대서양에서 불어오는 습윤한 북동풍은 높고 연속된 안데스산맥을 만나 비를 뿌려 열대림을 만들고는 건조한 바람이 되어 산맥을 넘어갑니다. 이를 푄 현상이라 불러요. 푄 현상이 어쩌다 한 번이면 문제가 없겠지만, 일 년 내내 나타나다 보니 사막이 발달하는 데에 큰 영향을 줬어요.

남위 20° 내외의 태평양 연안에 흘러드는 한류도 사막 형성에 한몫했습니다. 한류는 심해저의 차가운 바닷물이 해수면으로 올라오면서 만들어집니다. 한류의 영향을 받은 해안의 저지대는 찬 공기가 아래쪽에 자리 잡고 버티고 있어 비가 내리기 어려워요. 비구름이 되려면 지표의 수증기가 빗방울로 바뀔 수 있는 높

아타카마사막(위)과 우유니 소금 사막(아래)의 전경

이까지 올라가야 하지만, 그런 과정이 처음부터 가로막히기 때문이에요.

사막이 만들어지는 데는 남위 20~30° 내외에서 오르내리는 아열대고압대도 관여합니다. 아열대고압대의 영향권에 들면 일년 내내 하늘에서 지표로 공기가 이동하는 하강기류의 영향을 받아요. 앞서 이야기했듯 비가 오려면 지표의 수증기가 높이 올라가야 하는데, 하강기류가 지배적인 환경에서는 비가 올 리 만무하지요.

이와 같은 환경 조건에서 볼리비아에는 우유니 소금 사막이라는 흥미로운 장소가 만들어졌습니다. '세계에서 가장 큰 거울'이라는 별명을 가진 우유니 소금 사막은 푸른 하늘을 그대로 반사해 신비로운 풍경을 선사합니다. 소금 사막이니 해안이리라 생각할 수 있지만, 우유니 소금 사막은 해발 약 3,600m의 고지대에 있어요. 상식과 달리 고지대에 거대한 소금 사막이 발달한 것은 역시나 안데스산맥의 형성과 관련이 깊습니다.

본디 우유니 소금 사막은 바다였어요. 하지만 판과 판의 작용으로 안데스산맥이 만들어지는 과정에서 바다였던 곳이 높이 솟아올랐습니다. 이후 상대적으로 낮은 지대에 남아 있던 바닷물이 마른 후 지금과 같은 소금 사막이 되었어요. 일대를 가득 채운 막대한 양의 소금은 내륙국인 볼리비아의 든든한 소금 생산지이자 관광지로 상당한 경제적 이득을 안겨 줍니다. 간혹 우유니 소금 사막에 비가 내리면 물이 고여 얕은 호수가 되는데, 이때 호숫물에 하늘이 반사되어 황홀한 풍경이 펼쳐집니다. 우기의 우유니 소금 사막에서만 볼 수 있는 절경이에요.

남위 20° 선을 따라 대륙의 동쪽으로 가면 브라질의 리우데자네이루, 상파울루와 같은 대도시를 만납니다. 이 도시들은 대부분 열대사바나기후에 속합니다. 열대사바나기후 지역은 비를 내리는 적도저압대와 비를 거두는 아열대고압대의 영향을 번갈아 받아 건기와 우기가 뚜렷해요. 남위 20° 내외인 남아메리카 동부는 해발고도의 간섭이 없어 열대사바나기후가 고르게 나타날 수 있습니다. 이처럼 위도가 비슷하더라도 지리적 변수에 따라 다른 모습을 띱니다. 지리 요소는 공간의 이야기를 풍요롭게 만드는 감초라고 할 수 있어요.

남위 35°, 남미의 와인 성지

안데스산맥을 따라 중위도에 해당하는 남위 35°에 이르면 완연한 온대기후가 나타납니다. 중위도대 중에서도 상대적으로 저위도라, 여름철인 12~2월 사이에 아열대고압대의 영향권에 들어요. 온대기후 지역 중에서 아열대고압대의 영향을 받는 곳은 지중해성기후가 나타납니다. 지중해성기후는 여름철이 고온 건조하고, 겨울철이 온난 습윤하지요. 이쯤에서 '세계에서 가장 긴 나라'라는 별명이 있는 칠레를 통해 위도에 따라 기후가 어떻게 변하는지 살펴볼까요?

칠레는 남위 18° 정도에서 국토가 시작되지만, 인구가 밀집한 도시가 본격적으로 나타나는 것은 남위 35° 내외입니다. 그보다 위쪽인 남위 20° 내외는 아타카마사막이 발달할 정도로 건조해 도시가 해안에 듬성듬성 있어요. 반면 남위 35° 내외부터는 지중해성기후가 나타나 해안 및 내륙 저지대에도 도시가 줄지어 발달해 있지요.

남위 35° 일대에서 특히 주목할 만한 지역은 안데스산맥과 해안 사이에 움푹 팬 넓은 저지대입니다. 이곳은 미국의 센트럴밸리처럼 거대한 신기 습곡 산지 바로 앞에 남북으로 길게 발달해 있는데, 칠레의 핵심 곡창 지대입니다. 그런데 이 저지대의 이름 또한 센트럴밸리예요. 적도를 기준으로 반을 접으면 위로는 미국 센트럴밸리의 지중해성기후, 아래로는 칠레 센트럴밸리의 지중해성기후가 대칭을 이루는 점이 흥미롭습니다.

세계적인 와인 생산지는 모두 지중해성기후 지역입니다. 미국 센트럴밸리 곁 나파밸리가 와인으로 유명하듯, 칠레 센트럴밸리 곁 마이포밸리, 마울레밸리 등도 유명한 와인 산지예요. 수도 산티아고 주변에 펼쳐진 여러 밸리는 고지대의 특성을 살린 품종, 페루해류(훔볼트해류)의 영향을 받아 한랭한 기온의 특성을 살린 품종 등 이곳만의 풍토 조건을 반영한 독특한 와인을 만들고 있어요. 미국 나파밸리에서 주력으로 생산하는 품종은 카베르네 소비뇽인데, 실은 이곳의 오랜 주력 품종이기도 해요. 지리적 문법이 비슷하면 땅의 이용도 닮는 셈이지요.

남위 50°, 절경의 땅 파타고니아

남위 50° 이상의 고위도 지역은 단위면적당 받는 태양에너지의 양이 매우 적어요. 그래서 해당 지역에서는 비보다 눈이 잦고, 내린 눈이 쉽게 녹지 않아 빙하로 남는 경우가 많아요. 이러한 상황은 과거 지구 평균 기온이 매우 낮았던 빙기 때 더욱 심했고, 당시에는 고위도의 안데스산맥 곳곳에 빙하가 발달했습니다. 이후 대기가 서서히 더워지면서 빙하가 녹기 시작했고, 중력 방향으로 이동하는 빙하는 무시무시한 무게를 앞세워 지표를 자신의 결대로 깎았어요. 알파벳 U 자 모양으로 깊이 깎인 계곡 사이로 후빙기에 바닷물이 밀려들면서 좁고 깊숙하고 매우 복잡한 형태의 피오르해안이 만들어졌습니다.

피오르의 복잡함은 우리나라 서·남해안의 리아스해안보다

피츠로이산(왼쪽)과 이를 본뜬 아웃도어 브랜드 '파타고니아'의 로고(오른쪽)

몇 수 위입니다. 그도 그럴 것이 피오르는 수많은 빙하가 중력이 이끄는 대로 움직인 결과물이라 계곡이 깊게 파이며 발달했기 때문이에요. 칠레의 고위도 지역에 발달한 피오르해안을 보자니, 뉴질랜드 남섬의 피오르해안도 눈에 들어옵니다. 뉴질랜드 남섬의 피오르해안은 칠레의 피오르해안에서 같은 위도선을 따라가면 만날 수 있어요. 신기 조산대인 서던알프스산맥과 위도 조건이 결합하니, 칠레와 닮은꼴 공간이 만들어졌지요.

1520년 최초로 세계 일주에 성공한 페르디난드 마젤란은 남아메리카 대륙의 남위 39° 이남을 '큰 발'이라는 뜻의 파타고니아로 명명했어요. 빼어나게 아름다운 풍경 덕분에 세계인의 여

토레스 델 파이네 국립공원의 전경

행지로 손꼽히는 파타고니아는 유네스코 생물권보전지역으로 지정됐습니다.

'파타고니아(patagonia)'라니 자연스럽게 의류 브랜드가 떠오릅니다. 파타고니아에 있는 피츠로이산이 바로 아웃도어 브랜드 '파타고니아' 로고 속 그 산입니다. '파타고니아'의 창립자 이본 쉬나드는 지속 가능한 지구 환경을 위해 친환경 재료만 고집하는 의류 기업을 만들었습니다. 그는 아름답고도 기묘한 피츠로이산의 능선을 로고에 넣어 산을 사랑하는 등반가의 면모를 브랜드에도 녹여 냈지요. 이본 쉬나드의 가슴에 환경 사랑의 뜨거운 불씨를 놓은 파타고니아 로스글라시아레스 국립공원은 유네스코 세계자연유산으로 등재되어 환경을 보존해야 할 당위를 몸소 보여 주고 있습니다.

남위 50° 선에는 토레스 델 파이네 국립공원도 있습니다. 이곳은 죽기 전에 한 번은 꼭 가봐야 할 세계적 명소를 꼽을 때 항상 순위권에 이름을 올립니다. 이곳이 이토록 아름다운 까닭은 앞서 이야기했듯 안데스산맥이라는 필요조건과 위도라는 충분조건의 조합으로 가능했어요. 거대한 화강암 봉우리와 순백의 설경과 빙하 녹은 물이 고인 에메랄드 빛깔의 호수가 어우러진 토레스 델 파이네 국립공원은 파타고니아의 진주라고 불릴 만큼 아름답습니다. 그러고 보니 세계 어디든 그냥 만들어지는 경관은 없네요. 경관을 읽는 지리적 사고를 장착하면 공간에 담긴 이야기를 풍요롭게 읽을 수 있을 거예요.

ZOOM IN

안데스산맥의 개척자, 알렉산더 폰 훔볼트

훔볼트가 남긴 침보라소산 지도

1802년 알렉산더 폰 훔볼트는 침보라소산 정상부의 만년설에 이끌려 등정을 시도했어요. 당시 세계에서 가장 높은 산으로 알려졌던 산이었지요. 그는 정상을 약 400m 남긴 지점에서 악천후로 고생한 끝에 완등을 포기했지만, 등반 과정에서 만난 다양한 동·식물을 그림으로 남겼어요. 해발고도에 따른 식생의 변화 양상에 관한 개념이 정립되지 않은 시점에 훔볼트가 정성스럽게 남긴 한 장의 그림은 생태·지리학에 큰 발자취를 남겼습니다. 훔볼트가 매료된 침보라소산은 안데스산맥이 형성되는 과정에서 만들어진 수많은 화산 중 하나예요. 등산 장비도 마땅치 않던 시절에 이러한 기념비적 탐험을 즐긴 알렉산더 폰 훔볼트는 과연 어떤 사람이었을까요?

0°
5°
10°
15°
20°

훔볼트는 독일에서 태어났습니다. 집안은 워낙 부유하고 걸출한 인물도 여럿 배출했어요. 훔볼트의 친형인 빌헬름 폰 훔볼트는 독일에서 고위 관직에 오를 정도로 유명한 정치인이자 학자예요. 알렉산더 폰 훔볼트도 형처럼 재능이 많았는데, 지리의 관점에서 주목할 만한 남다른 면모는 아무래도 지치지 않는 탐험 정신일 겁니다.

제임스 쿡 선장의 2차 원정대원이었던 게오르크 포르스터를 우연히 만나 넓은 세상을 동경하게 된 훔볼트는 세계 탐험에 대한 열망을 지폈어요. 그는 특히 남미대륙 탐험에 정성을 쏟았습니다. 그는 지치지 않는 열정으로 보고 듣고 느낀 것을 무조건 기록하고 사유했어요. 그의 탐험 가운데 가장 유명한 일화는 전기뱀장어 사건입니다.

19세기 초 베네수엘라 오리노코강 일대를 탐험하던 훔볼트는 칼라보소라는 작은 마을에 도착했습니다. 원주민에게서 인근 웅덩이에 전기뱀장어가 득실거린다는 이야기를 들은 훔볼트는 흥분을 감추지 못했어요. 동물 신체에 흐르는 전기에 관심이 많았던 훔볼트는 '사람의 키만 한 길이의 전기뱀장어가 600V 이상의 전기 충격을 줄 수 있다'라는 소문을 들은 적이 있습니다. 그 후로 전기뱀장어를 한 마리만이라도 직접 해부하고 싶다는 열망이 있었는데, 드디어 그 소원을 풀 절호의 기회를 맞이한 것이지요.

훔볼트는 들뜬 마음으로 전기뱀장어 포획에 나섰고, 동행했던 원주민은 때마침 데려갔던 말과 노새, 인근에서 포획한 야생마 등 수십 마리를 한꺼번에 웅덩이에 집어넣어 전기뱀장어의 전기를 모두 소진하게 하자는 기발한 방법을 제안했습니다. 원주민의 생각은 정확히 맞아떨어졌고, 훔볼트는 오매불망 그리던 전기뱀장어 몇 마리를 손에 넣을 수 있었습니다. 이 대목에서 훔볼트가 얼마나 새로운 생물에 깊은 탐구심을 가졌는지를 엿볼 수 있지요.

파타고니아에는 훔볼트펭귄이 살고 있어요. 남미 해안을 따라 남극에서 적도를 향해 흐르는 훔볼트해류(페루해류)에서 따온 이름인데, 이 해류 또한 훔볼트가 처음 발견했지요. 이를 통해 훔볼트가 남미대륙에 남긴 발자취가 남다르다는 사실을 알 수 있습니다. 훔볼트의 대단한 탐험에 매료된 인물 중에는 진화론의 창시자로 알려진 찰스 다윈도 있었어요. 훔볼트가 막대한 분량의 탐험 기록을 남기지 않았더라면 찰스 다윈의 비글호 항해와 갈라파고스 탐험은 없었을지도 모릅니다.

아메리카 대륙의 허리를 끊은
유일한 바닷길

파나마운하

영화 〈캐리비안의 해적〉은 세계에서 수익이 매우 높은 영화 중 하나입니다. 잭 스패로 선장이라는 독보적인 배역과 신비로운 서사, 화려한 특수 효과는 관객의 상상력에 날개를 달았어요. 미국 디즈니랜드의 놀이기구인 '캐리비안의 해적'이 영화의 모티프라고 하지만, '해적'의 모델로 추정되는 인물은 실존했던 웨일스 출신의 바살러뮤 로버츠예요. 18세기 초 해적으로 악명을 떨친 그의 이야기는 카리브해를 흥미진진한 모험담의 배경으로 만들었지요.

캐리비언(Caribbean)은 '카리브 사람의, 카리브해의'라는 의미입니다. 해적의 활동 무대가 카리브해 일대라는 뜻이지요. 북아메리카와 남아메리카 사이에는 두 개의 큰 바다가 있어요. 바로 멕시코만과 카리브해입니다. 카리브해는 쿠바부터 도미니카공화국, 트리니다드 토바고까지 섬들이 열을 지어 둘러싸는 모양새라 지중해의 성격을 갖습니다. 그래서 해협이 많아요. 멕시코만과 카리브해를 연결하는 유카탄해협, 미국 플로리다반도와 멕시코만을 연결하는 플로리다해협 등 열도를 따라 카리브해와 대서양을 연결하는 무수히 많은 해협이 있다는 점이 카리브해의 지리적 특징이에요.

흥미롭게도 카리브해 곁에는 지협도 있습니다. 해협(海峽)이 바다 사이의 좁은 길이라면, 지협(地峽)은 육지 사이의 좁은 길이에요. 북아메리카에서 내려온 육지는 급격히 좁아진 상태로 남아메리카에 닿는데, 그곳이 파나마지협입니다. 파나마지협은 대륙을 잇는 다리이기도 하지만, 태평양과 대서양을 나누는 경계이기도 해요. 이러한 지리적 성격은 파나마지협에 어떤 이야기를 안겨 주었을까요?

대륙을 잇는 육교, 파나마지협의 탄생

파나마지협은 원래 없었습니다. 즉 옛날엔 바다였다는 뜻이지요. 모든 대륙이 한데 모였던 판게아 시절 이후, 대륙이 오늘날과 같은 모습을 갖추던 때에 북아메리카 대륙과 남아메리카 대륙은 완전히 다른 몸이었어요. 하지만 약 2,300만 년 전에서 300만 년 전 사이 어느 시기에 파나마지협이 만들어지면서 두 대륙은 마침내 한 몸이 되었어요. 그것도 아주 좁은 땅으로 연결되어 곧 분리될 것처럼 아슬아슬하게 말이에요. 좁고 긴 파나마지협은 어떻게 만들어졌을까요?

파나마지협은 코코스판과 카리브해판이 만나는 경계와 가깝습니다. 파나마지협 일대는 좁게 보면 코코스판과 파나마판, 넓게 보면 나스카판과 카리브해판이 서로 영향을 주고받는 모양새입니다. 여러 판이 힘을 주고받는 과정에서 바다에 쌓였던 물질이 해수면 위로 들어 올려지기도 했고, 열 지어 화산이 폭발해 바다를 메우기도 했지요. 미처 메우지 못한 틈새는 하천과 해안에서 밀려온 물질이 쌓이면서 메워졌고요.

이러한 양상으로 오랜 시간이 흘러 두 대륙 사이가 완벽히 땅으로 이어지는 시기가 왔습니다. 마침내 파나마지협이 탄생한 것이지요. 파나마지협이 생겨나면서 북아메리카와 남아메리카는

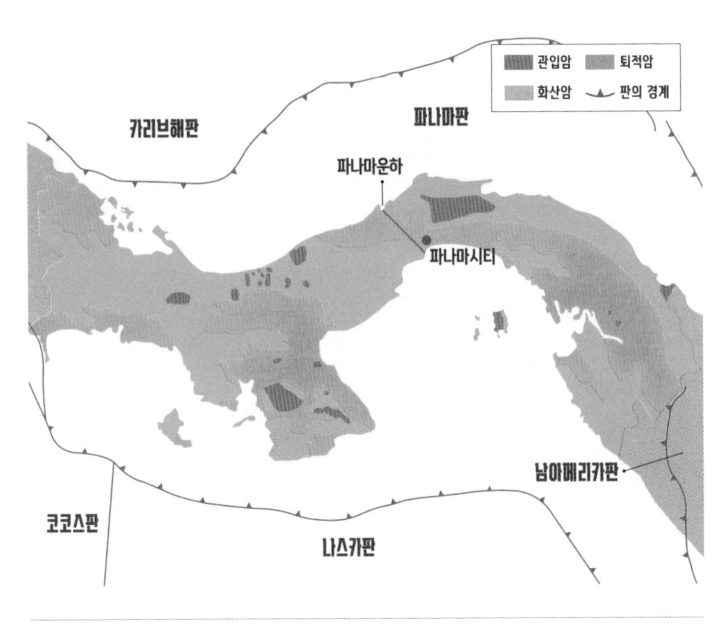

파나마지협 일대 판의 구조와 지질 구성.
관입암은 오래전 마그마가 굳어 만들어졌고, 화산암은 용암 분출로 만들어졌다.
파나마지협 일대의 퇴적암은 과거 바다였을 때 차곡차곡 쌓인 물질이 굳어
땅의 움직임으로 들어 올려진 경우이거나 주변 물질이 쌓여 만들어진 경우가 대부분이다.

한 몸이 되고, 넓은 바다는 태평양과 대서양으로 나뉘었습니다.

바다는 인간의 이동을 제한하는 뚜렷한 경계입니다. 아무리 좁은 바다라도 배 없이 건널 수 없고, 배가 있어도 풍랑에 의한 죽음을 각오해야 했지요. 하지만 지협은 두 대륙을 자유롭게 오갈 수 있도록 해 주는 육교와 같았어요. 인간을 비롯한 많은 동

물이 지협을 유유히 오가는 동안 종의 독특한 진화가 뒤따랐고, 그에 따른 생물 지리적 특징이 뚜렷해져 갔습니다. 대륙과 대륙의 다리이자 바다와 바다의 경계로서 지협의 지정학적 가치가 높아졌음은 물론이지요.

생물의 지리적 육교가 된 파나마지협

다양한 생물종이 이동하고 퍼져 나가는 데 도움이 된 파나마지협의 일부 지역은 유네스코가 세계자연유산으로 지정해 특별히 관리 중이에요. 재밌는 점은 파나마지협의 남다른 열대림은 파나마와 코스타리카, 파나마와 콜롬비아 사이의 국경에 걸쳐 있다는 거예요. 울창한 열대림이 산줄기나 강줄기처럼 국경을 그릴 수 있게 지리적 조건을 마련한 탓이지요.

울창한 열대의 숲은 전적으로 기후 덕분에 만들어졌습니다. 파나마지협의 중심축을 이루는 코스타리카 북단에서 파나마 남단에 이르는 공간은 북위 10° 부근이라 일 년 내내 기온이 높고 비가 잦은 열대우림기후가 나타납니다. 기온이 따뜻하고 충분한 물이 확보된 공간은 많은 생물종을 담아내는 큰 생태 그릇과도 같습니다.

대표적인 곳이 파나마의 다리엔 국립공원이에요. 다리엔 국립

다리엔 국립공원은 파나마에서 가장 큰 공원이자 세계에서 손꼽히는 중요한 열대림 중 하나다. 1981년에 유네스코 세계자연유산으로 지정됐고, 1983년에는 생물권보전지역으로 인정받았다.

공원은 콜롬비아와 국경을 맞댄 고지대부터 해안 저지대에 걸쳐 넓은 모래 해변, 암벽 해안, 맹그로브숲, 습지 등이 나타납니다. 열대림 곳곳에는 이러한 지리적 특징을 잘 활용해 부채머리수리, 저지대파카 등 독특한 생물종이 서식해요. 부채머리수리는 워낙 몸집이 큰 맹금류라 넓은 열대 및 아열대의 숲이 있어야 생존할 수 있고, 저지대파카 역시 열대 및 아열대 지역에서만 살아가는 설치류예요. 그래서 두 동물의 서식 범위를 지도로 보

부채머리수리(왼쪽)와 피그미세발가락나무늘보(오른쪽)

면 파나마지협부터 아마존 열대우림까지로 거의 일치합니다.

파나마지협을 따라 남북으로 이어진 서식 지도는 파나마지협의 지리적 특징을 한눈에 알 수 있도록 합니다. 아마존과 환경 조건이 비슷한 공간을 아래위로 연결하는 지협의 지리적 역할을 생물종의 서식지로 확인할 수 있는 셈이지요. 유네스코가 다리엔 국립공원을 세계자연유산으로 지정한 까닭은 명백합니다. 지나친 개간으로 열대림의 면적이 갈수록 줄어들어, 그 안에서 살아가는 생물의 생존이 심각하게 위협받고 있어서예요. 서식하는 데 넓은 열대림이 필요한 최상위 포식자인 부채머리수리가 멸종위기종이 된 이유이기도 합니다.

생물의 지리적 경계가 된 파나마지협

파나마지협이 아메리카 대륙의 생물종이 남북으로 오가는 물꼬를 텄다면, 역설적으로 바다와 바다 간의 동서 교류는 막았어요. 원래 바다였던 곳에서 자유롭게 오가던 해양 생물은 지협이 완성되면서 자연스럽게 분리됐습니다.

진화학에는 '이소적 종 분화'라는 개념이 있어요. 이소(異所)는 다른 장소라는 뜻이고, 종 분화는 새로운 생물종이 만들어지는 진화의 과정을 뜻합니다. 따라서 이소적 종 분화란 본디 하나의 공간이었으나 지리적으로 분리된 공간에서 새로운 종이 출현했음을 뜻하는 용어예요. 본래 하나의 바다였다가 파나마지협이 생기며 나뉜 태평양과 대서양은 이소적 종 분화를 살펴보기에 알맞은 장소입니다. 그중 가장 대표적인 사례가 돼지돔이에요.

원래 돼지돔은 하나의 종이었어요. 태평양과 카리브해를 자유롭게 오가던 돼지돔은 파나마지협이 생겨난 후 두 지역에 나뉘어 살게 됐습니다. 이후 파나마지협과 가까운 태평양에서는 파나마돼지돔으로, 카리브해에서는 카리브해돼지돔으로 각각 진화했어요. 이소적 종 분화가 일어난 거예요. 두 종은 몸의 윤곽은 거의 비슷하나 비늘의 무늬와 지느러미의 모양이 조금씩 다릅니다. 생물학적으로 이소적 종 분화를 거친 생물종은 다시

파나마돼지돔(왼쪽)과 카리브해돼지돔(오른쪽)

같은 공간에 서식하게 되더라도 교미할 수 없다고 해요. 지리적 변화에 따라 유전적으로 생식할 수 없는 다른 종으로 진화했기 때문이지요.

인위적 통로, 파나마운하의 탄생

포털 검색창에 파나마를 치면 연관 검색어로 운하가 바로 따라붙습니다. 파나마운하는 동서로 좁고 길게 뻗은 파나마 국토의 허리를 관통합니다. 운하 건설의 목적은 오로지 선박이 오갈 수 있게 하는 것이었어요. 운하는 인간이 땅을 파 만든 물길에만 쓰는 표현입니다. 그래서 모든 운하는 인공 운하이지요. 운하는 대개 운하가 지나는 영토를 가진 국가의 것이지만, 파나마운하는 국제 운하입니다. 국제 운하는 모든 외국 선박의 평화로운 운항을 허용하기로 세계 여러 나라가 합의한 곳입니다.

처음으로 운하의 필요성이 대두된 시기는 유럽의 대항해시대입니다. 대항해시대 이후 유럽인이 아메리카 대륙을 왕래하는 일이 잦아졌습니다. 유럽은 신대륙 탐험과 식민지화의 속도를 높이고자 대륙의 서쪽으로 빨리 가는 방법을 모색했어요. 아메리카 대륙 발견 초기인 1502년에 그려진 세계지도를 보면, 오늘날 카리브해 일대의 여러 섬과 미국 플로리다반도 일대와 브라질 북동부 해안만 그려져 있습니다. 그도 그럴 것이 그때까지만 하더라도 유럽인에게 아메리카 대륙의 서부는 미지의 영역이었어요. 일찍이 아메리카 대륙에 발을 디딘 콜럼버스가 원주민에게서 반대편 멀지 않은 곳에 큰 바다가 있다는 정보를 얻었지만, 당시의 기술력은 운하를 놓기엔 역부족이었지요. 남아메리카를 빙 돌아야만 서부로 나아갈 수 있는 지리적 한계는 유럽인이 꾸준히 운하를 갈망하도록 했습니다.

파나마운하의 필요성이 본격적으로 대두된 사건은 흥미롭게도 미국 서부의 골드러시입니다. 19세기 미국 캘리포니아주 시에라네바다산맥에서 대규모의 금광이 발견되면서 금을 향한 광풍이 불었어요. 금을 찾으러 동부의 미국인, 유럽인 등이 불나방

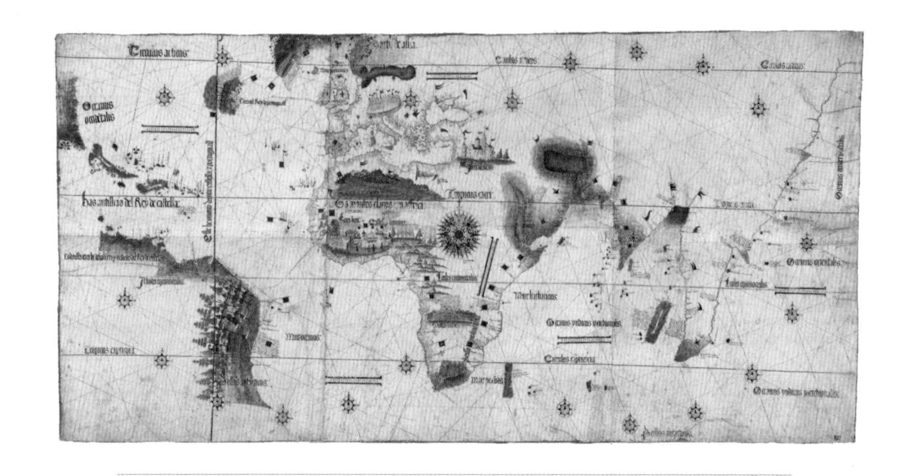

1502년에 제작된 칸티노 세계지도. 대항해시대 포르투갈의 지리적 발견을 보여 주는 현존하는 가장 오래된 지도다. 포르투갈 탐험가 페드루 알바르스 카브랄이 1500년에 탐험한 브라질 동부 해안, 남부 그린란드 해안 등이 지도에 반영돼 있다.

처럼 모여들었지요. 이들은 카리브해 연안의 콜론에서 파마나지협을 육상으로 건넌 뒤, 파나마시티에서 다시 배를 타고 샌프란시스코로 갔습니다. 금광에서 금을 많이 캤더라도 마차 등 육상 교통으로 미국 동부로 돌아가는 길은 멀고 험했거든요.

사실 파나마운하가 개통되기 한참 전인 1855년에 파나마지협을 관통하는 철도가 이미 놓여 있었어요. 배에 싣고 온 물건을 항만에서 철도로 옮기고, 이를 다시 반대편 항만에서 배에 싣는 과정은 수고가 많이 들었지만, 남아메리카 대륙을 빙 돌아가기보다는 좁은 파나마지협을 가로지르는 게 더 나았기에 궁여지책으로 마련한 해법이었지요.

앞서 수에즈운하 건설에 성공한 프랑스가 파나마에도 과감히 도전장을 내밀어 첫 삽을 떴습니다. 운하를 건설하려는 추동력은 강했지만, 의욕이 앞선 프랑스의 바람과는 달리 과정이 녹록지 않았어요. 수많은 인력과 장비가 동원됐지만, 지형이나 열대 지역 풍토병에 관한 이해 부족, 많은 강수량과 산사태에 대응할 기술의 부족 등으로 어려움을 겪으면서 결국 프랑스는 이 사업에서 철수했습니다.

프랑스가 철수하자 기회를 엿보던 미국은 1902년 프랑스로부터 운하 부설권(다리, 철도 등을 설치할 권리)을 샀어요. 이후 미국은 더욱 안정적으로 운하를 건설하기 위해 당시 콜롬비아의 영토였던 파나마주를 독립 국가로 만들고자 했어요. 배후에서 파나마주 분리 독립운동을 부추기고 군대를 파견해 지원했지요. 그렇게 탄생한 국가가 바로 파나마입니다.

파나마의 독립 이후 운하 건설은 빠르게 전개됐습니다. 미국은 프랑스의 실패를 거울삼아, 땅을 파내는 대신 갑문(선박이 높낮이 차이가 큰 수면을 오르내릴 수 있게 수위를 조절하는 구조물)을 두는 방식으로 운하를 설계했어요. 카리브해 연안의 콜론에서 배를 갑문으로 통과시킨 후 수위를 올려 배를 언덕으로 올리고, 넓은 가툰

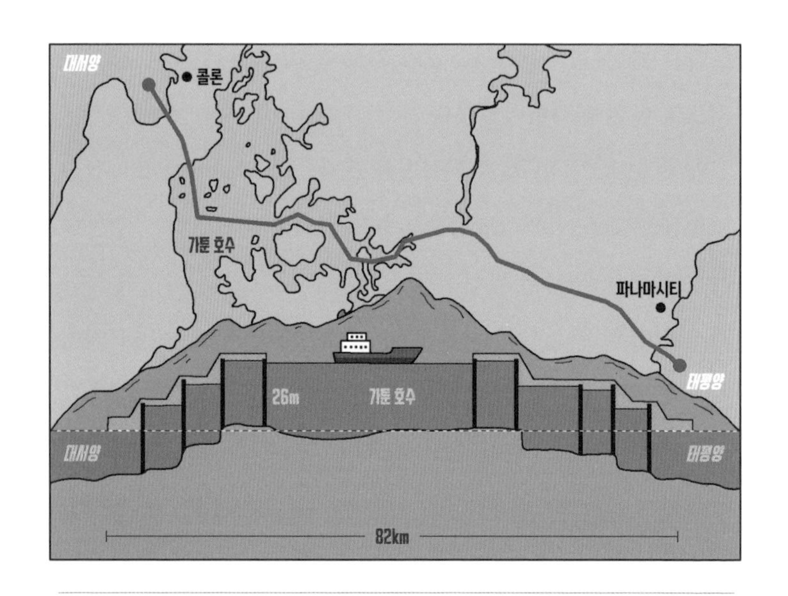

파나마운하의 구조

호수를 지나 다시 갑문을 통해 태평양 연안의 파나마시티로 배를 내려보내는 구조이지요. 가툰 호수를 만든 것도 기발한 발상입니다. 카리브해로 흘러드는 하천의 길목을 막고자 갑문을 댐처럼 놓아 인공적으로 호수를 만든 것인데, 덕분에 배가 안정적으로 다닐 수 있게 되었습니다.

파나마운하가 없다면 유럽에서 태평양으로 가는 뱃길은 딱 두 가지, 북극해를 돌아 베링해협을 통과하거나 남아메리카 대륙을 한 바퀴 돌아 드레이크해협을 지나는 방법 외엔 없습니다.

이렇게 돌아가면 물리적인 거리가 두 배 정도 늘어납니다. 자연 현상으로 닫힌 두 바다의 물길을 운하를 건설해 다시 열어 낸 일이 세계 경제의 관점에서 '신의 한 수'라는 평가를 받는 이유이지요. 하지만 파나마지협을 남북으로 자유롭게 오가던 생물들에게는 또 어떤 변화가 일어날까요? 오랜 시간이 흐르면 그들에게도 이소적 종 분화가 일어날까요?

파나마지협의 지정학·지경학적 의미

파나마운하가 개통되자 파나마지협에 많은 변화가 찾아왔습니다. 21세기 해양 무역 시대가 본격적으로 펼쳐지면서 파나마운하는 세계 물동량의 약 5% 정도를 감당하고 있어요. 매년 2만여 척의 배가 드나드니 통행료 수익이 만만치 않습니다.

파나마운하는 최근 한 번의 변신을 겪었습니다. 개통한 지 100년이 지난 터라 그사이 더 커진 무역선과 군함의 크기를 감당하기 힘들었기 때문이에요. 그래서 2016년, 독 길이 427m, 폭 55m, 깊이 18.3m로 몸집을 키워 새롭게 문을 열었습니다. 이제 파나마운하는 낮은 급의 항공모함이 지날 수 있을 정도로 커요. 2024년 기준 파나마운하를 지날 수 없는 배는 전 세계 선박 중 약 3%에 불과합니다.

이쯤에서 미국이 파나마운하 사업에 뛰어든 근본적인 계기를 짚어 볼까요? 파나마운하가 건설될 무렵만 해도 파나마지협의 대부분 지역은 콜롬비아 영토였습니다. 골드러시가 미국 사회 내에 파나마운하의 필요성을 촉발했다면, 1898년 미국과 에스파냐 간의 전쟁은 운하 건설을 본격 추진하게 했습니다. 당시 미국은 에스파냐로부터 독립하려는 쿠바를 지원하기 위해 샌프란시스코에 주둔하던 군함을 쿠바로 파견했어요. 하지만 샌프란시스코항을 출발한 군함은 무려 67일 후에야 쿠바에 도착했습니다. 이 사건은 운하가 필요하다는 합의를 미국 사회 내에서 끌어내는 결정적 계기가 되었어요.

앞서 이야기했듯 미국은 파나마주를 콜롬비아에서 독립시킨 후, 운하 주변 10마일(약 16km) 지역에서 주권을 행사할 수 있도록 파나마와 반영구적 협정을 맺었습니다. 미국은 파나마에 매년 임차료를 냈지만, 태평양과 대서양을 잇는 막강한 운하를 얻음으로써 21세기 해양 패권국가의 지위를 다질 수 있었어요. 파나마운하는 미국에 지경학적으로든 지정학적으로든 돈으로 환산하기 힘든 이득을 가져다주었지요. 80년이 넘도록 미국 지배 아래 있던 파나마운하는 1999년 12월 31일 파나마로 공식 반환되었습니다. 하지만 오늘날의 사정은 오십보백보예요.

운하를 돌려받은 파나마는 운하의 지경학적 의미에 집중하고 있지만, 운하를 지킬 군대가 없습니다. 미국은 공식적으로 운하에 관한 모든 소유권 및 운영권을 돌려주었지만, 여전히 파나마운하의 안보를 책임지고 있지요. 파나마운하를 통한 경제적 이득은 오롯이 파나마가 갖지만, 지정학적 이익이 큰 파나마운하는 미국의 처지에선 결코 포기할 수 없는 해상 네트워크의 길목입니다. 파나마운하가 없다면 미국은 본토의 동부와 서부를 오가는 지름길, 태평양을 통해 아시아로, 대서양을 통해 유럽 및 아프리카 대륙으로 진출하는 뱃길의 교두보를 잃는 셈이기 때문이에요. 만약 특정 세력이 파나마운하의 지배권을 가져가려 한다면 미국은 전쟁을 불사하고 지켜낼 것이 분명합니다. 미국이 파나마운하에 관한 지배력을 잃는 것은, 넓게 보아 태평양과 대서양의 지배력을 잃는 것과 다를 바 없기 때문입니다.

ZOOM IN 어디서나 존재감이 남다른 운하의 막강한 위력

파나마운하의 전경

파나마지협의 노른자 파나마운하를 꽉 움켜쥔 미국은 패권국으로서 지위를 단단히 다져왔습니다. 미국의 위세는 21세기에도 크게 흔들리지 않는 모양새지만, 아시아의 중국이 빠르게 성장 중이라 앞으로도 패권국이 미국일 것이라고 장담하긴 힘들어 보입니다. 한때 중국은 미국을 견제하기 위해 파나마지협에 속한 국가인 니카라과에 운하를 놓을 구상을 했습니다.

니카라과는 미국이 파나마운하를 본격화하기 전 물망에 올랐던 후보지이기도 했어요. 파나마운하와 거의 같은 지정학 및 지경학 조건을 가졌고, 게다가 파나마보다 미국에 더 가까웠기 때문이에요. 넓은 니카라과호의 이점을 살려 육지를 파내면 운하 건설은 이론적으로 충분히 가능한 일이었습니다.

중국의 구상이 발표된 때만 해도 미국과의 신경전이 치열했어요. 니카라과 운하는 중국이 남미대륙과 활발히 교류할 수 있고, 미국 본토에 근접한 전략적 요충지를 확보할 수도 있는 일거양득의 묘수였습니다. 하지만 니카라과 정부는 중국 자본가에게 내줬던 운하 개발 사업권을 2024년에 취소하는 결정을 내렸습니다. 운하 개발에 필요한 토지 압류를 반대하는 국민 시위와 환경 파괴 논란, 막대한 자금 동원의 한계가 맞물려 운하 구상의 원대한 꿈은 아득한 일이 되고 말았습니다.

아메리카 대륙에 파나마운하가 있다면, 아프리카 대륙엔 수에즈운하가 있어요. 파나마운하보다 이른 1869년에 개통한 수에즈운하는 좁게는 지중해와 홍해, 넓게는 대서양과 인도양을 잇습니다. 수에즈운하의 지경학적 의미는 파나마운하만큼이나 큽니다. 유럽의 물류는 아프리카 대륙을 돌아 아시아로 가는 대신 수에즈운하를 통해요. 중동의 풍부한 석유는 페르시아만을 거쳐 수에즈운하를 통해 유럽에 닿고요. 수에즈운하가 없다면 이동 거리가 만만치 않을 거예요.

최근 파나마운하는 기후변화의 위험에, 수에즈운하는 전쟁의 위험에 노출돼 있습니다. 일 년 내내 비가 잦은 열대기후 지역의 파나마운하는 운하로 밀려드는 토사의 양을 감당하기 힘들 때가 잦습니다. 지나친 홍수나 가뭄이 오면 파나마운하는 운영에 큰 차질을 빚을 거예요. 한편 수에즈운하는 중동 지역의 정세가 민감한 터라 드론이나 미사일 등의 무차별 공격을 받을 위험이 커요. 세계적 운하는 중요도만큼이나 긴장감이 높아요. 어디든 관심이 큰 지역은 그만한 공간의 무게를 갖는 셈이지요.

미국과 러시아가 얼굴을 맞댄 곳

베링해협

아시아 대륙과 북아메리카 대륙이 가장 가깝게 만나는 곳은 베링해협입니다. 최소 폭이 85km 정도인 베링해협에는 다이어미드제도(러시아명: 그보즈데브제도)가 있어 두 대륙을 더욱 가깝게 느껴지도록 해요. 태평양 최북단의 다이어미드제도는 두 개의 섬으로 이루어져 있습니다. 두 섬 간 거리는 4km가 채 되지 않지만, 서쪽의 빅다이어미드섬(러시아명: 라트마노프섬)은 러시아 영토이고, 동쪽의 리틀다이어미드섬은 미국 영토예요.

더 흥미로운 점은 두 섬의 시차가 하루라는 사실입니다. 두 섬 사이로 날짜변경선이 지나기 때문이에요. 빅다이어미드섬에서 리틀다이어미드섬으로 갈 때 하루를 빼고, 반대의 경우 하루를 더합니다. 이론상으론 빅다이어미드섬에서 새해를 맞은 후, 리틀다이어미드섬으로 가면 또다시 새해의 기쁨을 누릴 수 있어요. 날짜변경선의 마술로 이색적인 시간 경계를 경험할 수 있는 공간, 그곳이 바로 베링해협이에요.

21세기를 맞아 베링해협은 지정학·지경학적으로도 남다른 존재감을 뽐내고 있습니다. 이곳은 넓게 보아 아시아와 북아메리카, 좁게 보면 러시아와 미국 사이의 바다예요. 러시아(구소련)와 미국은 20세기에 치열한 냉전을 치른 강대국이자 세계적인 군사 대국입니다. 1991년 구소련이 해체되며 냉전은 끝났지만, 러시아는 여전히 세계에서 국토가 가장 넓은 나라이고 미국은 구소련 몰락 후 초강대국이 되어 세계 곳곳에서 위세를 떨치고 있지요. 이처럼 두 대륙의 경계이자 두 강대국의 경계인 베링해협에는 늘 긴장감이 감돌아요. 이곳은 어떻게 좁은 바다가 되었을까요? 베링해협을 제대로 이해하려면 이 물음에서 시작해야 합니다.

한때 인류 이동의 육교였던 베링해협

베링해협은 본디 육지였어요. 신생대 마지막 빙하기는 뷔름빙기(약 11만 년 전~1만 년 전)입니다. 뷔름빙기에는 해수면이 지금보다 120m 정도 낮았어요. 육지에 내린 눈이 그대로 얼어 바다로 돌아가지 못했기 때문이에요. 따라서 오늘날 해수면 아래 숨은 얕은 대륙붕이나 일부 섬은 당시 육지였는데, 베링해협도 그중 하나입니다. 베링해협의 평균 수심은 약 30~50m예요. 그래서 빙기 때는 베링해협 지역 대부분이 해수면 위로 드러났고, 그 덕분에 걸어서 이동할 수 있었지요. 베링해협이 옛날엔 베링육교였던 이유입니다.

과거 베링육교는 아시아와 북아메리카 대륙을 이었습니다. 두 대륙이 연결되었다는 것은 인류사적으로 상당한 의미를 지닙니다. 베링육교를 통해 인류가 이동했기 때문이에요.

현생인류는 여러 번의 종 분화와 진화를 거듭한 끝에 호모 사피엔스로서 문명을 일궜는데, 현생인류의 출현 시기는 마지막 빙기인 뷔름빙기와 그 직전 빙기인 리스빙기와 맞물립니다. 가장 오래된 현생인류의 화석은 아프리카 대륙 동부에서 집중적으로 발견됐습니다. 하지만 그보다 늦은 시기의 화석은 세계 각지에서 발견됩니다. 이는 인류가 꾸준히 새로운 땅을 찾아 이동

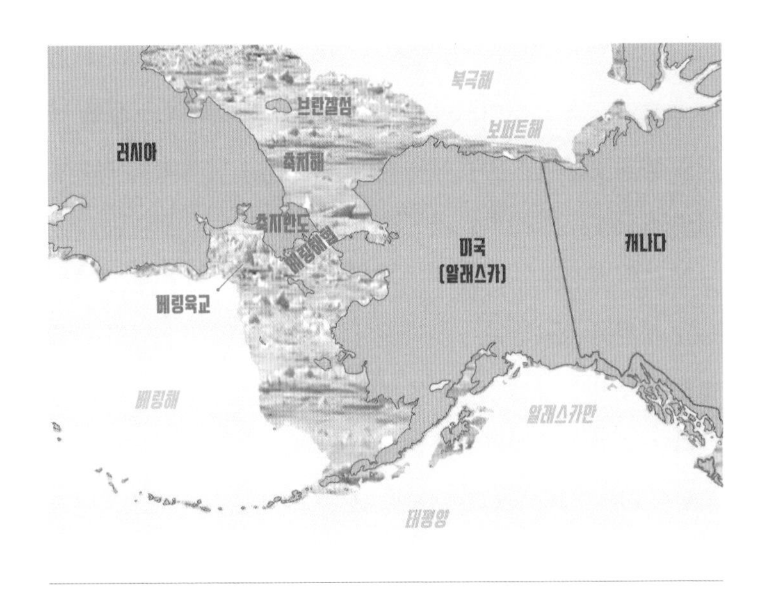

현재와 과거의 베링해협 일대 해안선 추정 지도. 회색 부분이 베링육교다.

했다는 뜻이에요.

인류가 아프리카 대륙을 떠나 세계 각지로 이동하도록 부추긴 요인은 다름 아닌 기후변동입니다. 주기적인 기후변동은 인류의 숙제였어요. 인류는 어떻게든 변화한 환경에 적응해야 했고, 그 과정에서 뇌의 용량을 키울 수 있었습니다.

여러 설이 있지만, 인류가 처음으로 아프리카 대륙에서 벗어나 유라시아로 나간 것은 약 6만 년 전이라고 알려져 있습니다. 뷔름빙기 중에서도 빙하가 가장 융성했던 시기는 약 2만

5,000년~2만 년 전이에요. 이즈음 거대한 대륙빙하는 베링해협은 물론이고 유럽과 아시아, 북아메리카의 상당 부분을 덮을 정도로 넓게 분포했습니다. 베링육교는 바로 이 시기에 견고한 육지로서 인류의 대여정을 충실히 도왔지요.

인류가 베링육교를 건너던 시기엔 매머드도 살았어요. 매머드는 빙기에 대륙빙하가 성장했던 지역과 서식지가 거의 같을 정도로 추위에 강한 동물이에요. 오늘날 시베리아는 물론 북아메리카 전역에 광범위하게 퍼져 살았습니다. 여름철이면 넓은 초원이 되었던 베링육교에서 매머드는 인류의 든든한 식량이기도 했어요. 조직화된 사피엔스의 협공은 어쩌면 매머드가 가장 두려워한 것일지도 모르겠습니다.

한 연구에 따르면 4,000여 년 전, 최후의 매머드 집단이 베링해협 근처의 브란겔섬에 살았다고 해요. 브란겔섬에서 다량의 매머드 화석이 발견되었는데, 이를 통해 오늘날 러시아 본토와 제법 멀리 떨어져 있는 브란겔섬 역시 마지막 빙기 땐 육지였음을 짐작할 수 있습니다. 브란겔섬에 최후의 매머드가 남은 이유는 해수면이 상승하며 이들이 지리적으로 고립된 때문으로 추정합니다. 지리적 조건에 따른 공간의 변화는 종의 생존과 진화에 적지 않은 영향을 준다는 사실을 알 수 있습니다.

베링해협과 알래스카의 발견

베링해협은 탐험가 비투스 베링의 이름을 딴 지명입니다. 베링이 본격적으로 탐험을 시작한 18세기 초 이전, 러시아는 아시아와 북아메리카 대륙이 육지로 연결되었는지, 아니면 바다로 나뉘어 있는지 미처 몰랐어요. 혹독한 추위를 자랑하는 거대한 시베리아를 지나 지금의 베링해협 근처까지 가는 데 어려움이 많았기 때문이에요. 강력한 개혁과 영토 확장을 이어가던 표트르 대제는 시베리아 너머의 미개척지에 꾸준히 관심을 가졌습니다. 황실의 명을 받은 베링은 캄차카반도에서 출발하는 두 번의 탐험으로 베링해협의 존재를 세상에 알렸지요.

1차 항해에서 아시아와 북아메리카가 좁은 해협으로 분리돼 있음을 발견한 베링은 해협 너머가 궁금했습니다. 전열을 가다듬은 베링은 2차 항해에서 지금의 알래스카 남부 지역과 알류샨열도를 파악하는 데 성공했어요. 베링해 일대 지도를 보면 남쪽으로 좁고 길게, 활모양으로 뻗은 알류샨열도를 볼 수 있습니다. 어미를 좇는 병아리 떼처럼 줄지어 발달한 알류샨열도는 어떻게 만들어진 걸까요?

알류샨열도는 해양판인 태평양판과 필리핀판이 대륙판인 유라시아판과 북아메리카판 밑으로 들어가는 와중에 지각이 녹아

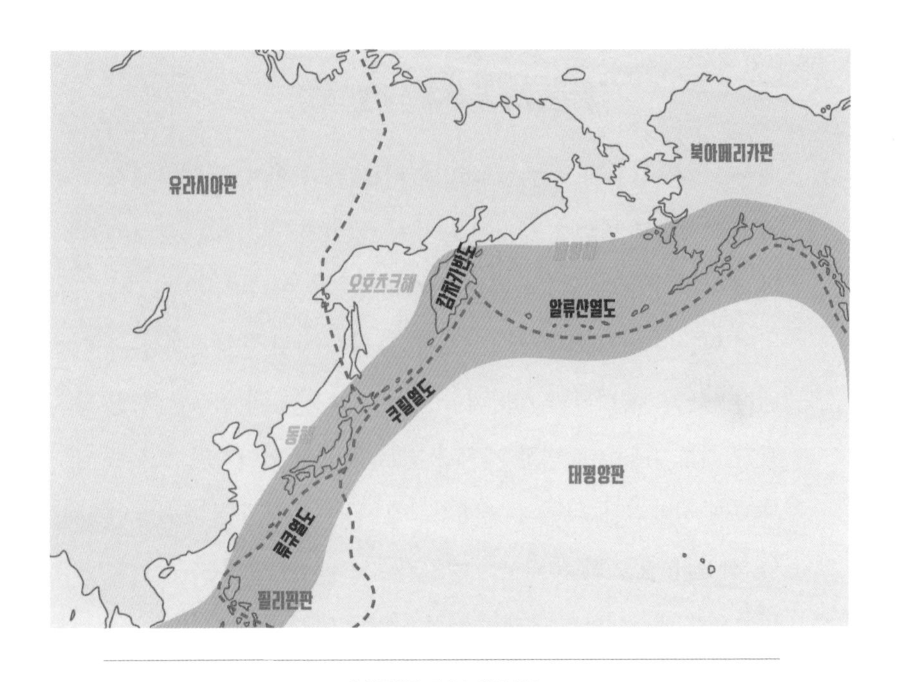

판의 경계를 따라 늘어선 열도

화산으로 폭발하면서 만들어졌습니다. 판과 판이 만나는 곳을 따라 화산이 폭발하다 보니 자연스럽게 활모양으로 휜 섬의 흐름, 다시 말해 열도(列島)가 형성되었습니다.

알류샨열도는 태평양과 베링해를 나누는 기준이 될 정도로 흐름이 연속적이에요. 그 선을 따라 서쪽으로 조금 더 가면 알류샨열도 끝자락에서 러시아 캄차카반도의 연속된 화산체와 쿠릴열도를 만날 수 있습니다. 거기서 서남쪽으로 더 내려가면 일본

알류샨열도의 화산. 맨 앞부터 타나, 클리블랜드, 허버트 화산이다.

열도를 지나 동남아시아로 이어지는 류큐열도를 확인할 수 있어요. 이 지역은 모두 환태평양조산대를 따라 만들어진 뚜렷한 화산 열도라는 공통점이 있습니다.

베링의 2차 항해로 발견된 알래스카 일대는 자연스럽게 러시아가 관할하게 되었습니다. 하지만 알래스카는 대부분 고위도이고 얼음으로 덮여 있는 추운 땅이라 그다지 매력적이진 않았어요. 한창 아메리카 개척에 열을 올리던 에스파냐가 지금의 앵커리지(알래스카 남부 도시) 일대까지 탐험한 적은 있지만, 이미 자리를 잡고 있던 러시아와 큰 충돌이 일지 않은 것도 매력 있는 땅이 아닌 탓이 컸어요.

러시아가 먼저 차지했던 알래스카가 미국 땅이 된 과정이 흥미롭습니다. 19세기 중반 영국과의 관계가 좋지 않던 러시아는 캐나다를 식민 지배하던 영국과 행여라도 알래스카에서 맞닥뜨리고 싶지 않았어요. 그러던 차에 국력을 키워가던 미국에 알래스카를 팔아 영국과의 완충 지대를 놓고자 했습니다. 이러한 역학 관계 속에서 미국은 1867년 러시아령이던 알래스카 지방을 단돈 720만 달러에 사들였어요. 720만 달러는 오늘날 우리 돈으로 약 3조 원입니다. 미국은 그야말로 헐값에 어부지리로 알래스카를 산 셈이지요.

결과적으로 알래스카는 본토와 멀리 떨어져 있다는 한계가 있는데도 오늘날 미국이 절대 포기할 수 없는 49번째 주(州)가 되었습니다. 베링해협을 낀 알래스카주는 지경학적으로 '황금알을 낳는 거위'로 나날이 위상이 높아지고 있습니다. 물론 지리적 조건이 같은 베링해협 맞은편의 러시아 축치반도 일대도 같은 이점을 누릴 수 있어요.

베링해협을 통과하면 보이는 북극해의 가치

베링해협의 위도는 절묘하게 북극권에 닿습니다. 북극권은 북위 66.5° 이상의 고위도 지역을 말합니다. 여기에 속한 지역은 한여름에는 종일 해가 지지 않고, 한겨울에는 해가 뜨지 않는 현상이 나타나요. 위도가 워낙 높아 단위면적당 받는 태양에너지가 매우 적어 몹시 춥고 건조합니다. 그래서 북극권 내에서는 여름 한때 기온이 영상으로 올라 풀이 자라고 비가 조금 내리는 제한된 공간에 드문드문 사람이 모여 살아요. 바로 툰드라기후 지역이에요.

이 지역의 대표적인 도시로는 약 5,000명이 모여 사는 알래스카의 배로가 있습니다. 배로는 본디 극지방에 거주하던 이누이트의 사냥 본거지였지만, 19세기에 미국이 본격적으로 지배하면서 군사 기지와 관측소 등 현대 시설이 생겼습니다. 또한 천연가스와 석유를 채굴하며 급작스레 성장했어요. 미국에 배로가 있다면 맞은편 러시아에는 미스시미타(Mys Shmidta)가 있습니다. 러시아 축치자치구에 속한 미스시미타 역시 짧은 여름이 있고 사람이 모여 살지요.

두 도시는 모두 좁은 해안을 따라 도시가 만들어지고, 배후에 공항을 건설해 이동의 한계를 보완했습니다. 미국과 러시아가 이렇듯 불리한 환경 조건에도 베링해협 일대에 생활 기반 시설을 꾸준히 놓는 까닭은 미래를 위한 투자 성격이 짙어요. 베링해협에 어떤 가치가 숨어 있는 걸까요?

베링해협은 풍랑이 잦고 바람이 거세며 때에 따라 유빙이 떠내려오기도 합니다. 그런데도 명태잡이 트롤 어선과 왕게잡이 어선이 줄지어 찾는 어장입니다. 하지만 이는 베링해협의 실제 가치에 비하면 지극히 소소한 지리적 이점에 불과해요. 베링해협을 통과하면 비로소 그 사실을 알게 됩니다. 바로 북극해를 만날 수 있다는 점이에요.

오늘날 북극해는 지경학적으로 세계가 주목하는 공간입니다. 북극해는 크게 두 가지 측면에서 남다른 가능성을 지닙니다. 하나는 교통로, 다른 하나는 천연자원이에요. 20세기 초만 하더라도 북극해는 배가 다닐 수 없는 바다였어요. 제아무리 항해술이 뛰어난 선장도 바다를 뒤덮은 얼음과 실시간으로 배를 위협하는 유빙을 당해낼 재간은 없었지요. 하지만 21세기 들어 기후변화가 빠르게 진행되며 빙하가 녹아 극지방의 바닷길이 나날이 열리고 있습니다.

태평양에서 베링해협을 통과한 배는 아시아 대륙의 북쪽 해안을 따라 유럽으로 가거나, 북아메리카 대륙의 북쪽 해안을 따라 캐나다나 미국 동부로 갈 수 있어요. 이른바 북동 및 북서항

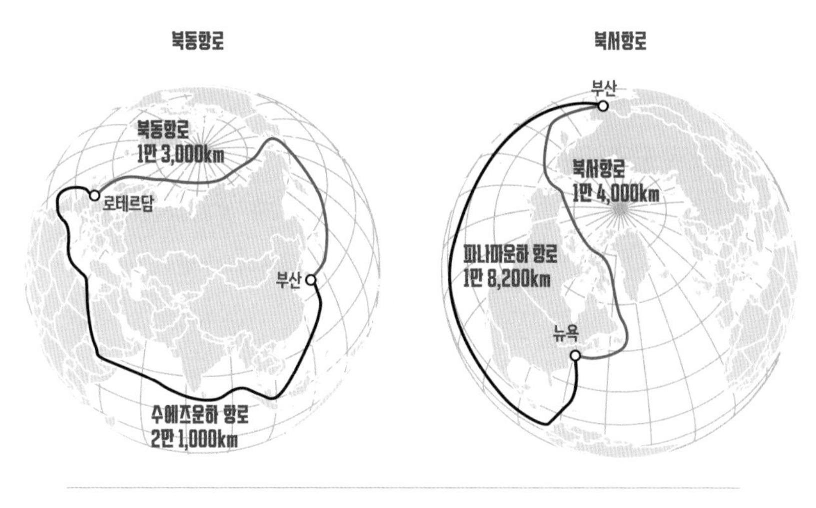

북동 및 북서항로와 현재 항로(수에즈운하 항로, 파나마운하 항로)의 비교

로를 이용할 수 있는 것이지요. 가령 부산을 떠난 상선이 북동항로를 통해 네덜란드의 로테르담까지 간다면 수에즈운하를 통과하는 것보다 열흘 정도를 단축할 수 있다고 해요. 북서항로도 마찬가지입니다. 부산을 떠난 배가 북서항로를 이용하면 파나마운하를 지나는 길보다 일주일 먼저 뉴욕에 닿을 수 있어요.

만약 북극과 인접한 러시아 영토를 활용한 북극항로를 일 년 내내 쓸 수 있다면, 베링해협은 수에즈운하나 파나마운하에 버금가는 세계 물류의 새로운 요충지가 될 것이 분명합니다. 알래스카를 미국에 판 일은 21세기 지경학적 관점에서 보면 러시아의 뼈아픈 실수라고 할 수 있어요.

또한 북극해의 대륙붕에는 엄청난 양의 천연가스와 석유가 매장돼 있습니다. 세계 매장량을 기준으로 계산하면, 석유는 약 15%, 천연가스는 약 30% 정도나 되는 양이 북극해에 묻혀 있다고 해요. 북극해를 사이에 둔 러시아, 미국, 캐나다, 노르웨이, 덴마크는 물론, 세계 대부분 국가가 북극해의 지경학적 가치에 주목하는 이유입니다.

베링해협의 남다른 지정학적 의미

아시아와 북아메리카 대륙, 러시아와 미국이 만나는 베링해협은 지정학적으로 중요한 위치에 있습니다. 태평양에서 북극해로 갈 수 있고, 북극해를 지나 유럽과 북미 지역으로 나아갈 수 있는 베링해협은 그 역방향으로 이동하는 것도 가능하다는 장점이 있어요. 대양과 대양이 연결되는 가장 좁은 바다라는 베링해협의 지리적 특징은 러시아와 미국의 지정학적 감수성을 높였습니다. 지구 반대편에도 남아메리카 대륙과 남극 대륙이 만나는 드레이크해협이 있지만, 폭이 약 650km에 이르러 해협이라는 표현이 어색할 정도예요.

베링해협의 지정학적 가치는 러시아와 미국의 군사 배치 상황을 보면 여실히 드러납니다. 러시아는 겨울에도 거의 얼지 않는 블라디보스토크의 군사 기지를 중심으로 베링해협을 특별히 관리하고 있어요. 그도 그럴 것이 얼굴을 맞댄 국가가 바로 초강대국 미국이기 때문이에요. 베링해협에 기민하게 관심을 기울이고 군사력을 배치하는 일은 미국과 대등한 관계를 유지하고 전략적 우위를 차지하는 데 아주 중요합니다.

베링해협을 바라보는 미국의 시선도 러시아와 별반 다르지 않습니다. 1867년 알래스카 구매를 주도한 당시 국무장관 윌리엄 H. 수어드는 구매 시점에 이미 그곳의 지정학적 가치를 알아챘어요. 하지만 국고를 낭비해 얼음덩어리 황무지를 샀다며 미국 내에서 거센 비판이 일었지요. 그러나 30년 후 금광이 발견되고 석유와 천연가스 등 에너지자원까지 발견되며 알래스카는 보물 창고로 재평가되었습니다. 또한 제2차 세계대전과 한국전쟁을 거치면서 알래스카에 대한 미국의 인식은 매우 우호적으로 바뀌었어요. 알류샨열도를 통해 동북아시아에 닿을 수 있고, 베링해협을 통해 북극해와 관련된 기회를 엿볼 수 있으며, 러시아와 마주 앉는 협상 기회를 마련할 수 있는 것은 모두 알래스카 구매가 미국에 안긴 지정학적 행운입니다.

알래스카의 앵커리지는 대권항로의 요충지로서도 의미가 큽니다. 앵커리지는 북극권 주변에서 항공 수송의 중심지로 이름

미국 앵커리지 공항의 항공기들.
2023년 기준 앵커리지를 오가는 직항 화물 항공편은 103개에 달한다.

값이 매우 높아요. 특히 항공 물류의 거점으로서 세계의 물동량을 충실히 감당하고 있지요. 앵커리지가 페덱스 익스프레스 등 주요 운송 업체의 물류 허브로 기능할 수 있는 까닭은 이곳을 중간 기착지로 삼아 아시아와 유럽으로 나아갈 수 있기 때문이에요. 미국에서 북극해나 베링해의 상공을 지나면 유럽과 아시아에 금세 닿지요. 항공 운송에서는 연료를 아끼는 것이 중요한

데, 앵커리지를 거치면 이동 거리를 줄일 수 있어 이득입니다. 베링해협을 잇는 해저 터널이나 다리에 관한 구상이 간간이 등장하는 까닭도 베링해협의 지정학적 가치가 남다르다는 사실을 증명합니다.

ZOOM IN

베링해협을 둘러싼 이모저모

베링해협과 비슷한 위도에 있는 노르웨이의 베르겐

베링해협을 지나는 북극권은 지리적으로 영구동토의 경계와도 엇비슷합니다. 영구동토는 일 년 내내 얼음이 녹지 않는 땅을 말해요. 일 년에 단 한 번도 얼음이 녹지 않으려면 기온이 영상으로 오르지 않아야 합니다. 여름철에도 영하의 기온을 유지하는 곳을 지리학에서는 빙설기후로 분류합니다. 여름 한 철이나마 영상으로 기온이 오르는 툰드라기후와 비슷하지만 격이 다른 환경이 연출되지요.

최근 기후변화로 영구동토가 녹기 시작하며 여러 문제가 생겨나고 있습니다. 얼어 있어야 할 땅이 녹으니 얼음 위에 지었던 집이 무너지거나 대형 송유관이 넘어지는 일이 생겼어요. 어떤 곳은 웅덩이가 잦아져 대형 모기가 창궐하기도 합니다. 영구동토에 잠들어 있던 옛 바이러스가 깨어날 수 있다는 디스토피아적 경고도 들려옵니다. 기후변화는 극지방에도 산더미 같은 숙제를 던지고 있습니다.

베링해협과 비슷한 위도에 속한 곳은 유럽의 북해 일대입니다. 영국과 스칸디나비아반도에 둘러싸인 북해 지역은 베링해협처럼 고위도에 있어요. 그런데도 북해 일대에는 오래전부터 무수히 많은 사람이 살아왔고, 많은 국가가 저마다의 경제적 이득을 얻고 있습니다. 얼음 왕국이나 황무지 같은 베링해협 일대와는 사뭇 다른 분위기예요. 비슷한 위도인데도 이처럼 다른 경관을 연출하는 데에는 따뜻한 바닷물인 북대서양 난류의 공헌이 큽니다.

북대서양 난류는 적도에서 출발해 멕시코만을 거쳐 북해로 흘러듭니다. 멕시코만 일대의 바닷물이 워낙 따뜻한 데다가, 그 바닷물이 일 년 내내 흘러드니 미처 얼음이 자리 잡기 어렵지요. 이 난류는 스칸디나비아반도 서쪽 노르웨이의 해안을 따라 올라가기 때문에 노르웨이는 고위도인데도 한겨울에도 얼지 않는 부동항인 나르비크를 가질 수 있었어요. 만약 난류의 도움이 없었다면 북해 연안과 노르웨이해 일대에서 바이킹의 서사는 만들어질 수 없었을 거예요. 비슷한 위도에 놓인 공간이라도 반드시 다른 지리적 조건까지 따져 땅 위에 그린 인간의 이야기를 되짚어야 하는 이유입니다.

0°
5°
10°
15°
20°

이미지 출처

23쪽 (왼쪽) 공유마당(©전영재), (오른쪽) 공유마당(©전선희)

27쪽 ©Klaus Leidorf

70쪽 ©2021 European Space Imaging, contains European Space Imaging Maxar data processed by Sentinel Hub

127쪽 위키커먼스(©Gras-Ober)

140쪽 위키커먼스(©Oladelmar)

150쪽 위키커먼스(©MohssinDr)

167쪽 위키커먼스(©Sevgart)

168쪽 위키커먼스(©Agenzia Dire)

170쪽 위키커먼스(©StFr)

178쪽 (왼쪽) 위키커먼스(©Ikluft)

187쪽 셔터스톡(©Lebid Volodymyr)

208쪽 (오른쪽) 셔터스톡(©sylv1rob1)

239쪽 ©United States Geological Survey

246쪽 셔터스톡(©GingChen)

- 출처 표시가 없는 이미지는 셔터스톡 제공 사진입니다.
- 이 책에 쓰인 이미지 중 저작권자를 찾지 못하여 게재 동의를 얻지 못했거나 저작권 처리 과정 중 누락된 이미지에 대해서는 확인되는 대로 통상의 절차를 밟겠습니다.

복잡한 세계를 읽는 지리 사고력 수업

초판 1쇄 발행일 2024년 11월 18일

지은이 최재희

발행인 김학원
발행처 (주)휴머니스트출판그룹
출판등록 제313-2007-000007호(2007년 1월 5일)
주소 (03991) 서울시 마포구 동교로23길 76(연남동)
전화 02-335-4422 **팩스** 02-334-3427
저자·독자 서비스 humanist@humanistbooks.com
홈페이지 www.humanistbooks.com
유튜브 youtube.com/user/humanistma **인스타그램** @humanist_gomgom

편집주간 황서현 **편집** 이여경 김선경 **디자인** 유주현 **일러스트** 신병근
조판 홍영사 **용지** 화인페이퍼 **인쇄·제본** 정민문화사

ISBN 979-11-7087-262-7 43980